Geliebtes

BLECH

Alfred Noell

Geliebtes BLECH

Herzblut-Geschichten rund um Oldtimer

Herausgegeben von Angela Recino

Heider Verlag Bergisch Gladbach

Bibliografische Informationen der Deutschen Bibliothek

Die Deutsche Bibliothek verzeichnet diese Publikation in der Deutschen Nationalbibliografie; detaillierte bibliografische Angaben sind im Internet über http://www.dnb.ddb.de abrufbar.

ISBN 978-3-87314-479-8

Joh. Heider Verlag GmbH, Bergisch Gladbach 2013

Herausgeberin:
Angela Recino

Gestaltung:
Christoph Mentzel, Heider Druck

Satz und Druck:
Heider Druck GmbH, Bergisch Gladbach

Gedruckt auf alterungsbeständigem Papier mit chlorfrei gebleichtem Zellstoff

Printed in Germany

Fotonachweise:

Alle Fotos wurden vom Autor erstellt, © Alfred Noell, mit Ausnahme der Fotos aus Privatarchiven, in alphabetischer Reihenfolge: Busch-Museum (5), Droste Ingenieure (6), Rainer Eberhardt (5), Frank Gemballa (5), Robert Grünwald (1), Eberhard Hess (4), Manfred Horn (3), Wolfgang Löffelsender (6), Inge Mintenig (6), Jürgen Neuenhausen (12), Sabrina Reifenberg (2), Angela Recino (31), Rosengart-Museum (3), Markus Serbitzer (3), Rainer M. Sowa (13), Michael Wahlen (7).

Inhalt

Vorwort

Ich erinnere mich noch gut daran, wie ich diesen quirligen, jungen Motorjournalisten das erste Mal getroffen habe. Seitdem sind wir uns an Rennstrecken und im normalen Leben immer wieder begegnet. Alfred Noell war mit seinem TV-Team fast immer dabei, hielt mir oft ein Mikro unter die Nase und fragte mich Löcher in den Bauch.

Auch nach meiner aktiven Zeit als Rennfahrer traf ich ihn immer wieder gerne, ob zu seiner Zeit als Pressechef der Ford Werke oder als TV-Mann, der mit seinen Verkehrssendereihen wie dem 7. Sinn jahrzehntelang unermüdlich für die Sicherheit im Straßenverkehr unterwegs war. Ich wage sogar zu behaupten, er hat mit dieser Arbeit vielen Menschen das Leben gerettet.

Jetzt haben wir beide ein gesetztes Alter erreicht, genau wie die Autos unserer Jugend. Nun treffen wir uns nicht mehr an der Rennstrecke, sondern im alten Fahrerlager am Nürburgring, bei Oldtimerveranstaltungen wie den Schloss Dyck Classic Days oder beim Motorsportclub Scuderia Colonia, den einst mein Freund und Rennfahrerkollege Graf Berghe von Trips gründete. Was uns nach wie vor verbindet, ist unser beider Hang zum geliebten Blech.

Deshalb freue ich mich umso mehr über dieses Buch, das keinen passenderen Titel hätte tragen können. Ich finde gut, dass Alfred Noell diese wunderbaren Geschichten von Klassikern und Originalen erzählt, als Chronist berichtet, unter welchen Mühen und Schwierigkeiten die Besitzer um ihre Schätze gerungen haben und mit welcher Freude sie heute dafür belohnt werden. Und es ist schön, dass Alfred Noell als Zeitzeuge sein umfassendes Wissen rund um Marken und Modelle weitergibt, denn schließlich geht's hier nicht nur um Autos, sondern auch um ein Stück Zeit- und Kulturgeschichte.

Hans Herrmann (li.) und Alfred Noell.

In diesem Sinne wünsche ich Ihnen viel Spaß mit der Lektüre von „Geliebtes Blech", seinen kurzweiligen Stories und tollen Fotos wunderschöner Oldtimer und meinem Freund Ali ganz herzlich den Erfolg, den dieses Buch verdient hat.

Hans Herrmann

Sindelfingen, Oktober 2013

Che bella macchina!

Er ist einer der bekanntesten Oldtimer-Restauratoren Europas: Peter Bazille. Er betreibt seine Werkstatt in einer denkmalgeschützten Hofanlage von Troisdorf-Spich. Ob Rolls-Royce, Jaguar, Bentley oder Porsche – der 59-Jährige ist mit allen Nobelmarken vertraut. Sein Herz gehört allerdings nur einer: Lancia.

Wenn der Besucher in Troisdorf-Spich von der Bundesstraße 8 in die rundgewölbte Einfahrt von Haus Nummer 183 einbiegt, befallen ihn leise Zweifel. Hier, in diesem historisch-schönen Ambiente, soll eine Autowerkstatt sitzen? Nun ja, eine Oldtimer-Werkstatt, was in gewisser Weise zu dem ehrwürdigen Gebäude

Italienisches Design: der Inbegriff der „bella figura", insbesondere in den 50er- und 60er-Jahren.

Vollblut-Ingenieur mit Fingerspitzengefühl: Peter Bazille hat eine „grande passione" für klassische Motoren.

Zeitlose Eleganz: Das klassische Armaturenbrett mit sportlichem Dreispeichen-Lenkrad. Einen Lancia zu fahren, war immer schon etwas Besonderes.

passt. Denn Haus Spich, in dessen Keller vor Kurzem ein 450 Jahre altes, zum Teil mit Steinen aus der Römerzeit erbautes Gewölbe entdeckt wurde, ist denkmalgeschützt. Und es ist das Domizil der B & F Touring Garage.

Der Name verrät Kennern, dass hier etwas mit italienischen Autos zu finden sein muss. Wie passend, dass die B 8 zwischen Köln und Bonn eine alte Tangente aus der Römerzeit ist und einst Via Agrippina hieß. Rollt man vom Straßenasphalt durch den Torbogen in den Innenhof, knirscht plötzlich weißer Kies unter den Rädern und man hat die Piazza Lancia erreicht. Und das außergewöhnliche automobile Kulturgut, das hier fein säuberlich aufgereiht zu sehen ist, lässt jedes Oldtimer-Herz wild auf und ab hüpfen.

Der Besitzer dieses architektonischen Kleinodes, der lächelnd aus einem

Dieses Boneschi Gran Lusso Cabriolet – ein ganz seltenes Stück – gewann schon einmal den Concours d'Elegance von Como.

Geboren für die Mille Miglia: Nur drei Fahrzeuge wurden eigens dafür gebaut – die Lancia Aprilia Barchetta von 1938. Peter Bazillle besitzt das letzte Exemplar.

Weniger ist mehr: Das Cockpit der Barchetta (ital. das „Bötchen"), war nur mit den nötigsten Messarmaturen versehen; hier als Rechtslenker.

Hingucker: Die Spezialausführungen wiesen stets Besonderheiten auf, hier die in die Karosserie eingelassenen Scheinwerfer, die das stromlinienförmige Design der Barchetta noch unterstrichen.

Einer der Highlights der englischen Nobelmarke Jaguar: der XK 140, hier bei Peter Bazille in Pflege.

der zweiflügeligen Werkstatttore tritt, die den ganzen Hof umrahmen, ist einer der bekanntesten Oldtimer-Restauratoren Europas: Peter Bazille. Der 59-Jährige – strahlendes rundes Gesicht, die Sonnenbrille in den wirren Haarschopf geschoben – schmunzelt über das faszinierte Staunen.

Der Troisdorfer, der sich nach der Ausbildung zum Automechaniker und dem Studium von Maschinen- und Fahrzeugbau zunächst als Motorjournalist bei Auto-Zeitung, Rallye Racing und später Auto-Bild Zeitungswind um die Nase wehen ließ, hat sich 1999 seinen Traum einer eigenen Oldtimer-Werkstatt erfüllt, spezialisiert auf seine Lieblingsmarke Lancia.

Der italienische Ingenieur und Rennfahrer Vincenzo Lancia (1881 bis 1937) zählte zu den Pionieren des Automobilbaus in Italien. 1906

Andere haben eine Werkstatt, Peter Bazille hat ein Atelier. Auch das ist natürlich picobello.

Alles Handarbeit: Ein so schönes Auto gibt kein Oldtimerfreund in die Waschstraße.

gründete er in Turin eine Firma, die heute noch unter dem Dach von Fiat existiert. Lancia stellte bereits damals Fahrzeuge her, die mit vielen technischen Innovationen aufwarteten: Einzelradaufhängung, mittragende Karosseriebauweise, V4-Motor schon im Modell Lambda 1922. Die Aurelia- und Flaminia-Modelle der 1950er-Jahre, Flavia und Fulvia der 60er und der sportliche Lancia Stratos der 70er zählen zu den Meilensteinen der italienischen Automobilgeschichte.

Warum die Spezialisierung auf Lancia? Peter Bazille lehnt sich lächelnd in die Polster einer Aurelia B 20 GT zurück und betrachtet sie fast liebevoll: „Dies hier ist meine Lieblings-Aurelia, denn sie gehörte einst meinem Vater. Meine Mutter hat sie 1969 nach seinem Tod verkauft. Ich habe lange nach den Autos meines Vaters gesucht, denn er war der eigentliche Lancia-Fan." Die Aurelia GT fand er schließlich in den frühen 80er-Jahren in Hamburg wieder und restaurierte sie vollständig. „Das war mir ein besonderes Anliegen, denn in diesem Auto bin ich sozusagen aufgewachsen." Die italienische Automarke hatte es bereits seinem Opa angetan. „Mein Großvater fuhr in den 20er-Jahren bereits Lancia, was damals als sehr elitär galt. Mein Vater hat diesen Lancia-Bazillus dann übernommen. Er war damals Politiker mit Bundes-

Eines der schönsten Coupés, die Lancia je gebaut hat: der Lancia Aurelia B 20 GT.

Sanfte Ästhetik: das elegant gerundete Heck mit umlaufender Stoßstange.

tagsmandat in Heilbronn und nutzte die Aurelia als zuverlässigen Reisewagen vom Wohnort Stuttgart zur damaligen Bundeshauptstadt Bonn. Ja, und ich durfte ihn dabei häufiger begleiten."

Auf dem Beifahrersitz inhalierte der junge Bazille den Duft von Leder, Öl und Benzin, beobachtete die schönen Rundinstrumente und lauschte dem Klang des kraftvollen V6-Motors. „Lancia war damals ja etwas ganz Besonderes", erläutert er, „denn eine Aurelia B 20 GT war der Inbegriff des klassischen Gran Tourismo-Fahrzeugs. 1955 kostete sie fast so viel wie ein Adenauer-Mercedes 300."

Die Liebe zu den innovativen und technikverliebten italienischen Klasse-Fahrzeugen lässt ihn bis heute nicht los, etliche hat er als Sammler erworben. Besonders schön ist beispielsweise ein Flaminia-Supersport. Der schwarz-rot lackierte Wagen mit der Aufschrift Lancia Italia ist ein Lancia Fulvia HF-Coupé im originalen Rallye-Trimm. Mit diesem Fahrzeug-Typ holte Lancia zweimal die Rallye-Weltmeisterschaft und drei Europameister-Titel.

Aber Peter Bazille betreibt in seiner „Touring Garage" keine Lancia-Monokultur. Auch andere Edelklassiker wie etwa Jaguar XK und E-Type, Porsche 356 und 911, Mercedes, Bentley, Rolls-Royce, Lagonda, Alvis und Ferrari werden hier repariert und restauriert. „Natürlich machen wir auch Lancia-Youngtimer wie das Gamma Coupé oder den Beta Spider." Weitere Domänen Peter Bazilles sind die

Ob rot, blau oder silber: Dem Lancia Flaminia steht jede Farbe.

Reinrassiger Sportler der 1960er- und 70er-Jahre: ein Lancia Fulvia HF-Coupé im originalen Rallye-Trimm. Damit gewann Lancia zweimal die Rallye-Weltmeisterschaft und drei Europameisterschaften.

Instandsetzung und der Neuaufbau von Motoren und Getrieben von Vorkriegsfahrzeugen. Hier nimmt er sicherlich eine Sonderstellung ein, denn die Classic-Abteilungen von Ford und Opel sowie das „Mercedes Benz Classic Center“ lassen bei ihm in Spich ihre Aggregate wieder aufbereiten oder sogar rekonstruieren. Wie zum Beispiel die Motoren der ersten Grand-Prix-Rennwagen oder den legendären Targa-Florio-Kompressor. Diese 70 bis 80 Jahre alten wertvollen Einzelstücke werden gewissermaßen reanimiert.

Dies alles verdankt Peter Bazille neben seinem Können auch einem besonderen Glücksfall: 1990 konnte er alte Maschinen und Werkzeuge des damals renommierten Kölner Motorenbauers Bruns erwerben, der auf die Fertigung von Nockenwellen

Der Lancia Flaminia Touring GT – ein Zweisitzer mit Riesenkofferraum.

spezialisiert war. Gleichzeitig konnte Bazille auch einen Lagerbestand an alten Ersatzteilen übernehmen.

Heute ist die „B&F Touring Garage“ im ehemaligen Hofgut Spich nicht nur europaweit unter Kennern ein Begriff, sondern in der Region auch ein Vorzeigebetrieb der Branche. Viele seiner Auszubildenden waren in den vergangenen Jahren Bundes- und Landessieger bei Gesellen- und Meisterprüfungen. Auf diese Kaderschmiede des Automobilhandwerks mit Schwerpunkt Oldtimer ist Peter Bazille besonders stolz. Wunderbare historische Fahrzeuge zum Tüfteln gibt es für die jungen Leute genug. Manche stehen sogar im Dachgeschoss des ehrwürdigen Hofguts, dank eines speziellen Autolifts.
Besonderes Liebhaberstück: ein kleiner Sportwagen, eine feuerrote Lancia Aprilia Barchetta von 1938, die eigens für das berühmte italienische Straßenrennen Mille Miglia gebaut wurde. Von diesem Modell mit 1 500 ccm und 85 PS gab es nur drei Exemplare. Ein Sportwagen ist übrig geblieben – und den besitzt Peter Bazille ...

Bei Italienerinnen kommt es auf Details an: hier damals topmodische Rückleuchten und eine mehrteilige Stoßstange.

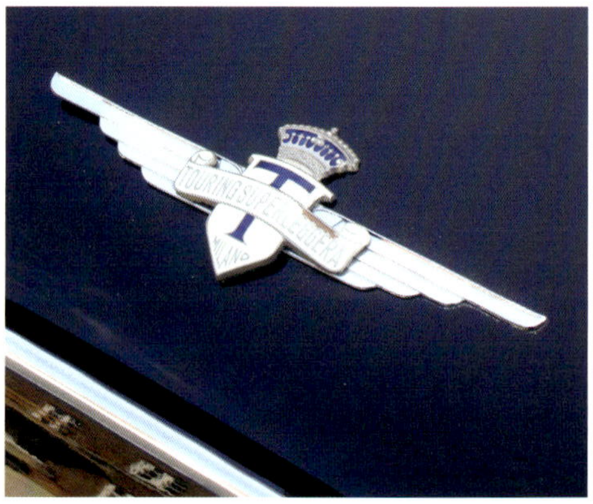

Touring Superleggera: Selbst die Modellbezeichnungen waren ein Designer-Kunstwerk für sich.

Wie die Oldtimer-Farbe Bergisch Green entstand

„Viele fallen auf meine Kühlergrill-Niere herein, aber sorry, ich bin kein BMW!“ Allerdings ist der Bristol 403 mit dem Münchner Fabrikat verwandt.

Mit leisem Surren gleitet das elektrische Garagentor im rheinischen Leichlingen nach oben. Zuerst fällt ins Auge, dass sich die Stoßfänger dieses Oldies weit in Seiten hineinziehen. Dann wird nach und nach das elegante Rundheck eines flaschengrünen Oldtimers sichtbar. Diese schmeichelnden Rundungen, das soll ein englischer Bristol 403 von 1954 sein?

„Warten Sie“, sagt die Besitzerin Eleonore Flach, „ich fahr' ihn mal eben raus, der springt sofort an.“ Sie zieht den Chocke am Armaturenbrett, startet zweimal und mit sonorem Brummen beginnt der Sechs-Zylinder-Motor seine Arbeit.

Wie kommt man denn an solch ein seltenes Auto? „Das war vielleicht eine verrückte Geschichte“, erzählt Eleonore Flach, „und hat eigentlich mit der Liebe meines verstorbenen Mannes zur Marke BMW zu tun.“ Lächelnd fährt sie fort: „Dieser Bristol 403 wurde wochenlang in einer Fachzeitschrift feilgeboten und stand auch auf der Techno Classica in Essen zum Verkauf, aber niemand wollte ihn haben. Die wenigsten wussten, was sich dahinter verbarg. Das Foto in der Anzeige war zudem so winzig, dass kaum etwas zu erkennen war.

Plötzlich fiel meinem Mann der Kühlergrill auf. ‚Mensch, der Kühlergrill', sagte er: ‚das ist doch eine Original BMW-Niere, wie kommt die denn dahin?' Er hat sich dann sofort einige Fachbücher besorgt und 14 Tage später haben wir das Auto gekauft."

Karl Flach hatte entdeckt, dass die englische Autofirma Frazer Nash, vor dem Krieg die Lizenzrechte zum Nachbau der legendären und erfolgreichen Sechs-Zylinder-BMW-Motoren der Sportwagenreihe 327, 328 erworben hatte und die smarten Engländer den typischen BMW-Grill, die „Niere", gleich mit lizensiert hatten. Sie gaben den Auftrag zur Herstellung eines Autos dann jedoch an Bristol. 1939 brach der Weltkrieg aus und die Bristol-Werke durften keine Autos mehr herstellen, sondern mussten „kriegsdienstverpflichtet" Flugzeuge bauen. Die englischen Bristol-Bomber vom Typ Blenheim und Beaufighter waren in Deutschland sehr bald gefürchtet, weil sie die Städte hierzulande in Schutt und Asche legten. BMW musste die Pkw-Herstellung im Krieg ebenfalls einstellen und durfte nur noch Flugzeugmotoren bauen.

1945, der Krieg war zu Ende, und keiner wollte mehr Bristol-Bomber haben. Bei Frazer Nash erinnerte man sich der alten Lizenzverträge mit BMW. Als Siegermacht machten

Engländer waren für eckiges Design bekannt. Die barocken Formen des Bristols waren in den 50er-Jahren sehr ausgefallen.

die Engländer ihre Rechte geltend, pochten auf ihre Lizenzverträge und bauten schon bald nach dem Krieg wieder Autos mit dem Nachbau der BMW-Motoren und der typischen Niere im Kühlergrill.

„Und genau solch ein Auto mit dem Sechs-Zylinder-Motor mit 100 PS und der Niere im Kühler-Grill war dann plötzlich unser Eigentum", erzählt Eleonore Flach lächelnd. „Ein Modell 403, Baujahr 1954, mit Aluminiumkarosserie in Knatschgrün." Nur 275 Stück wurden gebaut, darunter rund 30 als Linkslenker.

Bei 1971 ccm Hubraum leistete der normale Reihen-Sechs-Zylinder 80 PS. Dank drei größerer Vergaser kam die englische Bristol-Version auf etwa 100 PS. Beim Viergang-Getriebe war der erste Gang noch nicht synchronisiert, stattdessen verfügte er über eine Freillauffunktion. Die Aluminiumkarosserie wurde allerdings nicht in England, sondern in Italien, von Touring Milano, gefertigt.

Einige dieser Autos gingen in die USA, unter anderem nach Kalifornien. Dort fand ein deutscher Oldtimer-Fan jenes Auto, das dort seit 1982 abgemeldet in der Garage stand. Per Container kam es dann nach Deutschland, aber hier kannten nur wenige diese Marke.

„Als der Oldtimer-Boom so richtig begann, wollten viele das Auto kaufen", erzählt Eleonore Flach, „aber einige störten sich an der flaschengrünen Farbe. Das historische ‚Racing Green' war für die Engländer

Im Herzen doch ein Bayer: Unter der Haube der originale BMW-Sechs-Zylinder-Motor aus den Typen 327/328.

Die typische BMW-Kühlerniere. Statt des weißblauen Emblems das heute fast in Vergessenheit geratene Markenzeichen des Bristol.

Edelstes Holz, stückweise aneinandergesetzt – das Armaturenbrett des Bristol ist gewöhnungsbedürftig. Das Eckige findet sich im Design der Messinstrumente wieder.

Im Fond ein Hauch von Luxus – Ledersitze und eine ausklappbare Armlehne.

ein Heiligtum und man nahm fairerweise ein anderes Grün. Damit wir das aber nicht immer wieder erklären mussten, haben wir dann erzählt, diese Farbe hat den Namen ‚Bergisch Green' und entspräche dem Grün des Bergischen Landes bei Köln. Damit war dann meist jede Diskussion über die Farbe beendet."

Die Leidenschaft für Oldtimer begann bei den Flachs bereits zu der Zeit, als die heutigen Oldtimer noch jung und modern waren. Von einem Lambretta-Roller stieg der gelernte Kfz-Mechaniker um auf eine BMW Isetta. „Da hatte man ein Dach über dem Kopf und außerdem hieß dieses Gefährt nicht umsonst ‚Knutschkugel', denn da lernte ich gerade meinen Mann kennen", erzählt sie verschmitzt.
Die Eltern von Eleonore Flach hatten seit 1954 eine Tankstelle, die an gleicher Stelle mit einer Zapfsäule an der Straße bereits seit 1925 betrieben wurde. Hier sammelten sie die ersten BMW Isettas. Zwei davon baute ihr Mann mit handwerklichem Geschick um: eine in einen Schneeschieber, die andere in einen Rasenmäher.

Nach den Isettas kam ein BMW 700 dazu und später dann die Prachtlimousine der 50er-Jahre, ein BMW-V8-Luxus, 2,6 Liter, von 1961 mit dem Motor aus Vollaluminium, dem ersten dieser Art weltweit. Beide Fahrzeuge stehen in den Garagen nebenan. Die Leidenschaft und die Begeisterung für Oldtimer hat bei den Flachs nie nachgelassen. Und das nächste Objekt der Begierde ist schon in Arbeit. Diesmal ist es etwas ganz Ausgefallenes. Als BMW nach dem Krieg noch gar nicht wieder richtig auf den Beinen stand, wollten einige Motorsportbegeisterte um den ehemaligen BMW-Sportchef Ernst Loof, Lorenz Dietrich und

„Schorsch“ Meier wieder Rennen fahren.

Kurz entschlossen nahmen sie 1947 den erfolgreichen Sechs-Zylinder Motor aus den Vorkriegs-Jahren, der auch im oben beschriebenen Bristol 403 steckt, verbesserten das Fahrgestell, umhüllten beides mit einer stromlinienförmigen Karosserie und nannten den so entstandenen Rennsportwagen „Veritas“. Diese Veritas waren der Zündfunke für den deutschen Rennsport nach dem Krieg.

Davon sind nur noch ganz wenige übrig geblieben, aber die Flachs konnten noch einen finden. Die Karosserie ist noch in Arbeit, der Motor schon fertig. „Und wer weiß“, lächelt Eleonore, „vielleicht werde ich trotz meines Alters damit auch noch fahren, dann hab ich ein wenig Abwechslung zum Bristol 403.“ Denn den bewegt sie noch regelmäßig zu gemütlichen Ausfahrten mit Freunden.

Ansonsten ist aber auch für oldtimerbegeisterten Nachwuchs gesorgt. Tochter Monika fährt die Oldtimer ebenso wie Sohn Karl Heinz. Der sammelt außerdem noch etwas Außergewöhnliches: kleine Einradanhänger, die man früher an die Pkw hing, um den Stauraum zu vergrößern. Aber mehr darüber an anderer Stelle in diesem Buch.

Sportliche Lochfelgen, so wie sie in den 50er- und 60er- Jahren häufig zu finden waren.

Was für eine Pracht: ein geformtes Rundheck, mit einer Stoßstange, die als Scheuerkante weit in die Flanken gezogen ist.

Familie mit Benzin im Blut

Eine Armada von VW-Fahrzeugen, alle mit Automatik-Getriebe, auf dem schönen Gelände in Herrenmühle bei Much.

Nachdem man durch einen weißen Torbogen, in Much-Herrenmühle, gefahren ist, öffnet sich ein parkähnliches Gelände mit Teich und hervorragend renovierten Fachwerkhäusern. Dixieland-Music empfängt uns und die Wiesen stehen voller, zum Teil außergewöhnlicher Oldtimer. Alle zwei Jahre lädt Amanda Cramer, ihr Lebensgefährte Naser Sahatgjiu und die Söhne Robert und Peter Bernartz zu einem Oldtimer-Treffen der ganz besonderen Art ein. Freunde und Bekannte, einige von ihnen von ganz entfernten Winkeln der Bundesrepublik, reisen mit ihren Oldtimern an und vermischen sich auf dem Gelände zu einem stimmigen Gesamtbild von alten Autos und alten Gebäuden. Die Band, stilvoll mit Strohhüten aus den 20er- und 30er-Jahren bekleidet, spielt nur Melodien aus den „guten alten Zeiten" und wenn dann noch das Lied „Ach Schatzi, kauf mir doch ein Automobil …" aus den 20ern erklingt, hat man das Gefühl, die Oldtimer wippen im Takt mit.

So viel Liebe zu alten Autos kommt natürlich nicht von ungefähr und man gewinnt schnell den Eindruck, die ganze Familie hat Benzin im Blut. Das zeigt sich natürlich auch daran, dass der geschiedene Vater der beiden Söhne, Hanfried Bernartz, lange Jahre der Präsident und jetziger Ehrenpräsident einer der ältesten Automobil-Clubs von Deutschland ist. Der KAC, der Kölner Automobilclub im AvD wurde nämlich bereits 1900 gegründet und ist somit 111 Jahre alt. Auch Mutter Amanda Cramer ist Mitglied im KAC. Sie ergötzt sich heute noch daran, dass sie als junge Frau mit einem englischen Sportwagen, einem MG A, in Racing-Green, durch Köln brauste und ihr die Leute nachschauten, weil es noch etwas Außergewöhnliches war.

1980 wurde in Herrenmühle/Kreuzkapelle die frühere Webermühle erworben und nach eigenen Plänen um-, aus- und angebaut. Zwei Jahre dauerten die Bauarbeiten und dabei wurden sogar die Wege im Innenhof mit alten Pflastersteinen versehen und die Einfahrt geteert. Entstanden ist auf dem 40 000 m² großen Gelände ein in die Landschaft integriertes Ensemble, dem man die Baumaßnahmen überhaupt nicht ansieht.

Auf diesem Gelände, in alten Remisen und Gebäuden betreibt nun Sohn Robert (42) seine Lust an der Oldtimerei und in den letzten Jahren ist seine Sammlung von alten VW

„Mit Quetsch un Flitsch": In diesem Oldtimer-Treffen in Much ist Musik drin!

Robert Bernartz an seinen jüngsten Neuerwerbungen: ein Porsche 914 und ein Audi 1000, natürlich beide mit Automatikgetriebe.

und Audi und Porsche auf 15 Exemplare angewachsen. Allerdings kam er auf eine ungewöhnliche Art und Weise mit Oldtimern in Verbindung.

Als Kind erlitt er einen Autounfall und war teilweise halbseitig gelähmt. Er erzählt: „Als ich so 16, 17 war, überlegte ich, wie kannst du mit 18 doch den Führerschein machen. Ich sah mir einige umgebaute Autos an. Es durfte sowieso nur ein Fahrzeug mit Automatik-Getriebe sein, denn dann entfiel das schwierige Schalten. Dann kaufte ich mir mein erstes Auto, einen VW-Golf I von 1982. Mithilfe einiger Freunde und einer Werkstatt in Kürten bauten wir das Fahrzeug auf meine Behinderung um und damit machte ich dann meinen Führerschein.

Durch das Umbauen und weil alles so gut geklappt hatte, wurde sein Interesse an alten VW-Fahrzeugen geweckt und als er einen Golf II angeboten bekam, schlug er zu.

„Aber damit hatte ich die Katze im Sack gekauft", erzählt er heute schmunzelnd. Denn dieses Fahrzeug hatte einen technischen Fehler. Fünf Werkstätten in der Umgebung bastelten daran herum, aber niemand konnte ihn aufspüren. In meiner Wut und Verzweiflung schrieb ich VW Wolfsburg an. Mein Schreiben gelangte an die höchste Stelle, in das Sekretariat von Generaldirektor Prof. Piech. Ich hätte zwar keinen Garantieanspruch mehr, aber aus Kulanzgründen bot man mir für meine Odyssee den Betrag von 2 000 Euro an.

Ich jubelte, nahm dankend an und verwahre dieses Original-Schreiben heute noch. Damit lief das Auto zwar immer noch nicht, aber dann kam der Zufall zu Hilfe. In einer Fachzeitschrift wurde der technische Fehler genau beschrieben und an einer Stelle gefunden, an die von uns niemand gedacht hatte. Ich kaufte das entsprechende Ersatzteil, baute es mit Freunden ein und das Fahrzeug läuft nach vielen Jahren immer noch wie ein Uhrwerk."

Das Sammelfieber hatte Robert Bernartz befallen und über Fachzeitschriften und E-Bay kaufte er noch einen Golf I von 1975, einen VW-411L von 1969, einen VW-Käfer von 1961. Alle Fahrzeuge mussten ein Automatik-Getriebe haben, damit er

Jede Ecke ausgenutzt: Robert Bernartz hat viele Oldtimer zu parken ...

... darunter ein Golf GX schon mit Doppelscheinwerfern, die das Ende der Golf I-Ära ankündigten.

selbst auch damit fahren konnte. Der Golfblaue Käfer von 1961 hat sogar ein seltenes Saxomat-Getriebe, das damals nur für eine bestimmte Käuferschicht eingebaut wurde.

Die Sammlung vergrößerte sich langsam, aber dann ritt ihn doch der Teufel, wie er sagt, und er erlaubte sich einen Lustkauf, der ihn noch lange beschäftigen sollte.

„Angeboten wurde mir nämlich ein Stretch-Golf, den es in dieser Form nur einmal geben sollte", erzählt er, „das war ein Golf, den man in der Mitte durchtrennt und dann um rund 2,50 auf über 6,50 m verlängert hatte. Oben konnte man über die gesamte Verlängerung ein Schiebedach öffnen. Das Fahrzeug war eine Augenweide und ich hatte mich sofort darin verliebt. Außerdem glaubte ich, mit diesem Einzelstück ein wahres Schnäppchen gemacht zu haben, aber da hatte ich mich fürchterlich geirrt. Denn weder die Straßenzulassung noch die Vergabe des H-Kennzeichens war möglich, da das Fahrzeug weder im Original so vom Werk ausgeliefert wurde noch in seiner Länge und Bauweise den TÜV-Bestimmungen entsprach. Schließlich habe ich das Fahrzeug genervt als Show-Car verkauft. Heute steht es als Werbeträger auf einem Hochhaus in Dortmund."

Die Ersatzteilfrage kann bei den alten Autos zum Problem werden, hier aber hat Robert Bernartz schlau vorgesorgt. Über Internet hat er bei einigen Händlern festgestellt, wann diese ihre alten Lagerbestände an Ersatzteilen verkaufen wollten und dann hat er preisgünstig zugeschlagen. Heute besitzt er eine große Teilesammlung aller VW-Modelle der Jahre von 1970 bis 1985.

Damit kann er nicht nur seine eigenen Fahrzeuge bestücken, sondern auch helfen, wenn befreundete Oldtimer-Sammler mit ähnlichen Fahrzeugen in Ersatzteilnot geraten sind.

„Wenn ich so daran denke, welche Abenteuer und Risiken ich schon auf mich genommen habe, um an die Oldtimer zu kommen", sinniert Robert Bernartz, „dann bin ich jetzt noch überrascht, dass dies letztlich doch immer geklappt hat. Die Fahrzeuge sind aus der ganzen Bundesrepublik zusammengetragen und manchmal habe ich das Auto vorher gar nicht gesehen und bin als Probefahrt direkt fünf- oder sechshundert Kilometer nach Hause gefahren."

Da hatte er es mit seiner letzten Erwerbung etwas leichter. Der Audi 200-5 TC Turbo von 1982, mit 2,2 Liter Hubraum und 170 PS, auch mit Automatik ein wahres Geschoss, wurde von einer Paderborner Werkstatt angeboten.

Robert Bernartz wollte noch einige Instandsetzungen und neue Polster und der Verkäufer sagte ihm zu, dass er das Fahrzeug wegen fehlender Ersatzteile erst in einem halben Jahr abholen könne.

Wolfsburger Automobilgeschichte: Die Sammlung von Robert Bernartz hat sich im Laufe der Jahre „automatisch" erweitert.

Man einigte sich auf einen Termin und drei Tage später rief der Verkäufer an, das Fahrzeug sei fertig. „Das erschien mir wie ein Wunder", erzählt Robert Bernartz, „denn in anderen Fällen hatte ich ganz andere Erfahrungen bezüglich der Zuverlässigkeit der Verkäufer gemacht." Damit ist die Palette nach oben erst einmal abgerundet, aber er sinniert: „Wenn mir noch einmal ein Schnäppchen mit Automatik angeboten wird, könnte es gut sein, dass ich wieder zuschlage."

Fritz B. Busch im Kaufrausch

„Im Rückspiegel" war eine jahrelange Kolumne von Edelfeder Fritz B. Busch in „Motor Klassik". Der Journalist war wegen seines Stils sehr beliebt und schrieb unter anderem auch für „Stern" und „Quick".

Fundamental: Dieser Lancia Lambda war einer der Grundsteine für das Oldtimermuseum von Fritz B. Busch in Wolfegg im Allgäu.

Es war Anfang 1970, als ich als Leiter der Presseabteilung der Ford-Werke AG in Köln einen außergewöhnlichen Kollegen kennenlernte: die „Edelfeder", wie er genannt wurde, den Motorjournalisten Fritz B. Busch.

Ob „Stern", „Quick" oder „auto, motor und sport" – überall fiel Fritz B. Busch ob seines ungewöhnlichen, charmant-frechen Schreibstils auf. Und da er ein freier Autor war, ließ er sich von niemand den Mund, sprich: seine Schreibe, verbieten. Eher beendete er einen Kontakt mit einem Auftraggeber. Das kam aber sehr selten vor, weil man ihn und seinen Schreibstil ja wollte, also arrangierte man sich und ließ ihn gewähren.

In jenem Jahr also saßen wir zusammen und wir sinnierten über den Fortgang der Automobilisierung und darüber, dass die schönen Autos unserer Vätergeneration schon bald nirgendwo mehr zu sehen, geschweige denn gefahren würden. Man müsste die Schönsten und Skurrilsten vor dem Verfall retten, sie restaurieren und fahrbereit halten. Dann zählte er einige bekannte, deutsche Automobilmarken auf, die zu diesem Zeitpunkt schon ihre Werkstore dicht gemacht hatten, wie Borgward, Lloyd, Goliath und Gutbrod. Letzterer sogar mit einer damals technischen Innovation: der ersten, mechanischen Benzineinspritzung bei einem Zweitakter.

Dann wandte er sich schmunzelnd an mich und sagte: „Und du hilfst auch noch bei der Vernichtung. In deiner TV-Serie 7. Sinn crashst und verschrottest du viele der schönen Autos, über die sich später die Oldtimersammler freuen würden."

Dann entwickelte er mir gegenüber seine Idee eines lebendigen Oldtimer-Museums, das er aufbauen wolle. Zu jedem Auto soll es nicht nur die üblichen, technischen Angaben geben, sondern er wolle begleitend dazu eine Story schreiben und in Zeitschriften veröffentlichen und auf Tonband sprechen, sodass die Besucher sich über Kopfhörer diese Storys anhören könnten. Also, wenn mir mal ein besonderes Fahrzeug über die Zehen fahren sollte: „Anruf genügt!"

Mit seiner Begeisterung steckte er mich geradezu an und ein Jahr später besaß ich selbst schon einen BMW 502, den sogenannten „Barockengel", der von 1954 bis 1964 gebaut wurde und der zu dieser Zeit noch nicht als Oldtimer, sondern schlicht als Gebrauchtwagen gehandelt wurde. Aber es galt ja so ein schönes Auto vor der Schrottpresse zu bewahren und außerdem war es ein Schnäppchen: Nur ein Besitzer, nur 40 000 km gelaufen und ein Traumpreis.

Mein Freund, Fritz B. Busch, sammelte und restaurierte schon fleißig, als ich 1972 als Leiter der Ford-Presseabteilung die Journalistenvorstellung des Ford Granada in Spanien, mit Testfahrten zur Alhambra von Granada, betreuen durfte. Wir hatten zuerst unser Quartier in Alicante aufgeschlagen. In der knappen Freizeit bummelte ich ein wenig durch die Gassen der Altstadt, schaute hier und da mal in offene Werkstätten und entdeckte plötzlich unter

Sehenswert: 2013 feierte das Automuseum Fritz B. Busch sein 40. Jubiläum. Mit über 200 Fahrzeugen ist sie eine der größten und sehenswertesten Sammlungen in Deutschland.

Der Meister inmitten seiner Schmuckstücke: Fritz B. Busch stellte seine Autos nicht nur aus, sondern inszenierte sie in ihren historischen Bezügen.

einer total verschmutzten Plane ein altes Fahrgestell und dahinter einen ausgebauten Motor. Schnell kam der Besitzer, der ein gutes Geschäft witterte, angelaufen. Auf meine Fragen in Deutsch und Englisch, was denn das für ein Auto sei, kam keine Antwort, der Mann sprach nur Spanisch. Ich versuchte es dann mit der Zeichensprache, indem ich ein Quadrat in die Luft malte und ich es mit dem deutschen Wort „Papiiiere“ versuchte.

Überraschenderweise verstand er das, watschelte in die hintere Ecke und kam mit total verölten Papieren wieder. Denen entnahm ich nun, dass es sich bei dem Schrotthaufen um einen Lancia Lambda von 1927 handeln sollte. Das sagte mir zuerst einmal gar nichts, ich fragte noch nach dem Preis und der wurde mir dann in Peseten auf ein öliges Stück Pappe geschrieben.

Abends rief ich aus dem Hotel Fritz B. Busch an, erzählte ihm von meinem Fund, dem Zustand und den verlangten Preis. „ Da muss ich mich auch erst mal schlau machen“, sagte er: „Italienische Fahrzeuge aus dieser Generation sind nun auch nicht gerade mein Spezialgebiet. Bleib' im Hotel, ich rufe dich in ca. zwei Stunden wieder an!“ Es war noch keine Stunde vergangen, da wurde ich ans Telefon gerufen. Am anderen Ende

Trägt das Feuer weiter: Tochter Anka Busch führt heute das Automobilmuseum ihres Vaters.

Dieses englische Prunkstück, der sportliche Jaguar E-Type, ist auch in Wolfegg zu Hause. Er gehörte zu den Lieblingsstücken von Fritz B. Busch.

ein total aufgeregter Fritz B. Busch und wer ihn kannte weiß, dass dieser Zustand bei ihm sehr selten war.

„Ali!", schrie er ins Telefon, „versuch den Preis noch etwas zu drücken, aber in jedem Fall: Kaufen, kaufen, kaufen!" Und dann erzählte er mir, was er in der Kürze der Zeit alles über das Fahrzeug erfahren hatte und was das Auto an außergewöhnlichen, technischen Details hatte, nämlich eine leichte, selbsttragende Karosserie, vordere Einzelradaufhängung, ein kompakter V 4-Motor, mit einem Zylinderwinkel von nur 13 Grad und außerdem wurde die oben liegende Nockenwelle durch eine Königswelle angetrieben. Mir schwirrte am Telefon der Kopf, aber ich hatte verstanden: seltenes altes Auto, mit für diese Zeit sensationellen, technischen Attributen – also: kaufen!

Am nächsten Tag also wieder in die alte Werkstatt. Die Preisverhandlungen auf öligem Papier gestalteten sich besser als erwartet, denn der alte Werkstattbesitzer war sichtlich froh, dass er endlich einen echten Käufer gefunden hatte. In einem Eisenbahnwaggon, mit einigen bei den Testfahrten ziemlich arg ramponierten Ford Granada, kam der Lancia Lambda nach Köln und wurde dann mit einem Pkw-Anhänger nach Wolfegg ins Allgäu gebracht. Diesen Lancia Lambda restaurierte Fritz B. Busch mit einem Helfer selbst und fügte ihn als seinen siebten Oldtimer in seine Sammlung ein, die heute, nach 40 Jahren, über 200 Exponate zählt.
Im Februar 1977 schrieb er in „auto, motor und sport" eine Story über meinen Fund in Alicante. Seine Tochter, Anka Busch, die jetzt das Museum leitet, hat vor einigen Wochen erst erfahren, dass ich der im Artikel immer mit „Ali" bezeichnete Freund bin, der den Lancia Lambda in Alicante fand, denn wir sprachen uns nur mit unseren Spitznamen an. Für mich war Fritz B. Busch immer nur der „Bob".

Kette, Kardan, Knutschkugel

Die Oldtimerszene in unserem Land ist sehr vielfältig. Während viele Liebhaber ihre vierrädrigen wertvollen Schätze pflegen, haben sich andere ganz auf Kleinstwagen, Roller und Motorräder der 1950er- und 1960er-Jahre spezialisiert. Und zu dieser Zeit gab es ja auch ein reichliches Angebot, weil sich die meisten Menschen damals noch gar kein größeres Auto leisten konnten. Von vielen dieser Fabrikate kennen heute nur noch eingefleischte Oldtimerfreaks und die ältere Generation die Namen und Modelle. Einst berühmte Marken wie Maico, Heinkel, Fulda, Isetta, Horex oder Zündapp sind längst vom Markt verschwunden oder ihre Anlagen wurden, samt Konstruktionszeichnungen, ins asiatische Ausland verkauft. Wer trotzdem ein solches Gefährt haben oder sammeln will, muss heute für gute Exemplare tief in die Tasche greifen.

Autoersatz im Wirtschaftswunder: Der Heinkel Tourist war einer der meistverkauften Motorroller in Deutschland. Er hatte bereits einen Viertaktmotor. Noch heute sind über 4 000 Besitzer in Clubs organisiert.

Nach dem Zweiten Weltkrieg wurden die meisten Produktionsanlagen der Ernst Heinkel Flugzeugwerke demontiert. Zum Neubeginn ab 1950 produzierten die Heinkel-Werke in Stuttgart zunächst Motoren. Ab 1953 wurde der Heinkel Tourist gebaut. 1965 wurde die Produktion eingestellt.

Peter Esser (76) aus Bergisch Gladbach-Paffrath gehört zu den Glücklichen, die noch mehrere dieser alten Schätze besitzen. Der gelernte Modellschreiner, der in einer Paffrather Eisengießerei sein Handwerk lernte, machte sich später in Wermelskirchen mit einer eigenen Firma selbstständig und baute diese, nach einem Umzug nach Kierspe, bis auf 80 Mitarbeiter aus. Peter Esser kannte noch alle diese zwei-, drei- und vierrädrigen Modelle. Kurz vor seiner Pensionierung befiel ihn der Oldtimerbazillus. Er machte sich auf die Suche nach Fahrzeugen, die er in seiner Jugend zum Teil noch selber gefahren hatte.

Sein Sohn stieß in einer Oldtimerzeitschrift auf eine Anzeige, in der ein Heinkel Tourist Motorroller zum Verkauf angeboten wurde, von dem der Vater mehrfach gesprochen hatte. Das war's! Der Roller, Baujahr 1963, früher ein begehrtes Modell der Baureihe 103 A1, hatte damals schon leistungsstarke 175 ccm und 9,5 PS. Das Wichtigste: Er hatte einen Viertaktmotor, machte nicht so viel Lärm wie die lauten Zweitaktmotoren und das ständige Öl- und Benzinmischen fiel

auch weg. Also fuhr man nach Leverkusen, wo der Verkäufer wohnte, der Roller wurde besichtigt. Der sah zwar nicht berauschend aus und der Preis war natürlich erst mal zu hoch. Aber man wurde schließlich handelseinig und der Heinkel Tourist auf einem Anhänger nach Bergisch Gladbach gebracht.
„Da stand ich nun, wollte den Roller selber restaurieren, hatte aber keine Ahnung von der Technik", erzählt Peter Esser. „Durch meinen Beruf war ich handwerklich nicht ungeschickt, aber einen Motor hatte ich noch nie auseinandergenommen." Da kam ihm der Zufall zu Hilfe. Ein Freund hatte eine kleine Autowerkstatt in Schildgen und sagte kurz entschlossen: „Bring' das Ding zu mir und ich zeige dir, wie es geht." Und lächelnd sagte Peter Esser: „Da bin ich dann als Rentner noch mal richtig in die Lehre gegangen." 1993, nach einem Jahr harter Arbeit, strahlte der Heinkel Tourist dann im neuen Lack. Motor und Technik waren tipptopp restauriert und klopfenden Herzens fuhr er damit zum TÜV. Ergebnis: „Es gab überhaupt keine Beanstandungen, sondern sogar Lob von den TÜV-Ingenieuren. Und das machte mich stolz." Wegen der Ersatzteiladressen und anderer Tipps trat er in den Heinkel-Club ein, in dem immerhin rund 4 500 Heinkelbesitzer registriert sind.

Aber das war erst der Beginn von Peter Essers Sammelleidenschaft.

Niedlich: Die „Maicoletta" war eigentlich die Ausnahme im regulären weltweiten Motorrad-Programm der Firma Maico.

Zunächst kam noch ein Heinkel-Erzeugnis dazu, das elegante Moped „Perle“, das schnell wieder aufgemöbelt war. Das nächste Objekt der Leidenschaft war wieder ein Roller, nämlich eine „Maicoletta“. Die Firma Maico, im Schwäbischen beheimatet, war als Motorradhersteller bekannt und brachte schon 1951 den Roller „Maicomobil“ auf den Markt. Dieses Modell erregte viel Aufsehen, weil es ein voll verkleideter Roller war, der allerdings entsprechend klobig aussah. 1955 wurde der Roller durch das viel elegantere Modell „Maicoletta“ abgelöst. Und vor solch einem Roller stand Peter Esser nun in Kamp-Lintfort, weil er durch einen Freund gehört hatte, dass da jemand verkaufen wollte. Der Roller war nicht im besten Zustand, aber das störte im Moment nicht. Was viel spannender war: Baujahr 1958, 250 ccm und 14 PS. „Nach meinem Erfolg bei der ersten Vollrestauration ließ ich mich vom Zustand nicht abschrecken und dachte nur, das kriegst du schon hin“, erzählt Peter Esser. Eigentlich kam dieser Roller aus England und war auf abenteuerliche Weise nach Deutschland zurückgekehrt. Wieder wurde in der kleinen Werkstatt in Schildgen gebastelt, geschraubt und lackiert. Und im März 2002 ging auch dieser Roller anstandslos durch den TÜV.

„Dann packte mich der Ehrgeiz und ich wollte was Größeres restaurieren“, kramt Peter Esser in seinen Erinne-

„Maicoletta“ war die kleine zierliche Schwester des wuchtigen Maicomobils. Maico ist die Abkürzung von Maisch & Compagnons, einem Familienunternehmen aus dem schwäbischen Pfäffingen.

Wem die Stunde schlägt: Unterhalb des Lenkers beherbergte die Maicoletta das reinste Autocockpit, sogar mit Uhr im Armaturenbrett.

Frontlader: Der BMW 600 hatte zwar noch die Vordertür von der Isetta und auch hier knickte die Lenksäule beim Öffnen der Tür ab. Aber damit die hinteren Sitzplätze zu erreichen waren, gab´s noch eine Tür auf der rechten Seite.

rungen. „Diesmal sollte es ein Kabinenroller, eine BMW Isetta sein.“ Rundfragen ergaben, dass so ein Exemplar noch bei einem Händler und früheren Rennfahrer, nämlich bei Willi Martini, am Nürburgring stehen sollte. Ein Anruf und nichts wie hin. „Der alte Rennfahrer empfing mich herzlich und führte mich in eine Halle. Ich traute meinen Augen kaum. Da stand nicht nur eine Isetta, sauber in Einzelteile zerlegt, sondern auch das nächstgrößere Fahrzeug, ein BMW 600, Baujahr 1958. Diese kleinen Fahrzeuge, ebenso der 700er, waren in den 1950er-Jahren die Rettung für BMW, denn ihre größeren Modelle verkauften sich ganz schlecht, es war einfach noch kein Geld unter den Leuten“, erzählt Peter Esser. „Da hab ich nach einigem Feilschen gleich beide gekauft.“

Der BMW 600 war eigentlich nur eine Verlängerung des Kabinenrollers Isetta, der im Volksmund liebevoll „Knutschkugel“ genannt wurde. Nachdem immer mehr Käufer der Meinung waren, man könne in der Isetta ja keine Kinder und kaum Gepäck mitnehmen, verlängerte BMW kurzerhand die Isetta, baute eine hintere Sitzbank und nur eine Tür zur rechten Seite ein, stellte das Fahrzeug auf vier Räder, gab dem Fahrzeug den Boxermotor mit 600 ccm und knapp 20 PS mit auf den Weg und fertig war das Kleinauto BMW 600. Es blieb aber die Fronttür der Isetta mit der abknickenden Lenkradsäule erhalten, denn auch in den 600er mussten Fahrer und Beifahrer von vorn einsteigen. „Wenn Leute das Fahrzeug von vorne sahen, sagen sie meist: ‚Oh, was für eine schöne

Indiz: An diesem Emblem erkannte der Kenner, dass es sich nicht um eine Isetta, sondern um einen BMW 600 handelte.

Isetta'", schmunzelt Peter Esser. „Um dann beim zweiten Blick zu sagen, aber die ist ja viel länger." In dieses Lieblingsstück hat Peter Esser viel Arbeit investiert, denn er hat gleichzeitig auch die Leistung optimiert. Heute hat das Fahrzeug den Motor des nächst größeren BMW 700, und das mit Weber-Doppelvergasern und Abarth-Auspuffanlage. Damit wuchs die Leistung auf 40 PS. Und damit ist Peter Esser sehr flott unterwegs.

Und voller Stolz erzählt er: „Eines Tages erhielt ich einen Anruf aus dem BMW-Museum in München. Die wollten mein Fahrzeug gern auf der größten Oldtimer-Messe der Welt ausstellen, der Techno Classica in Essen. Ja, hab ich gesagt, aber nur wenn mein Kennzeichen am Fahrzeug bleiben kann. Damit waren sie einverstanden und so stand mein 600er während der ganzen Ausstellung auf dem BMW-Stand mit meinem Kennzeichen GL-PE 111 H." Noch einmal schlug Peter Essers Herz höher, als er auf dem Oldtimermarkt in Hamm eine Maico Taifun entdeckte. Dieses seltene Motorrad der deutschen Marke Maico, Baujahr 1957, war stark verkleidet und hatte einige außergewöhnliche Details, wie zum Beispiel eine Vorderradschwinge. Mit 400 ccm, einem Zweitaktmotor und 22,5 PS war es außerdem gut motorisiert und fuhr schon die Höchstgeschwindigkeit von 126 Stundenkilometern, was für die damalige Zeit sehr schnell war. Nur rund 1 500 Exemplare wurden von diesem Typ gebaut.

„Da ich sowieso im Maico-Club war, ließ ich mir einen Fachmann nennen und fuhr mit diesem nach Hameln an der Weser, wo der Besitzer wohnte. Da dieses Motorrad in seiner Sub-

Ein gepolstertes Armaturenbrett für den sanften Aufprall, ein Tachometer mit Riesenziffern und dazu ein gut erreichbarer Aschenbecher. Das waren noch Zeiten ...

Naturgewalt: Die Maico Taifun, ein Motorrad mit 400 ccm, war ein rasantes Spitzenmodell aus Tübingen. Leider kam sie trotzdem zu spät auf den Markt. Sie konnte den Untergang von Maico nicht verhindern.

DAS M für Maico war international in der Zweiradszene bekannt.

stanz noch in Ordnung war und der Fachmann keine Bedenken hatte, war der Kauf schnell besiegelt. Noch am selben Abend stand die Taifun in meiner Garage."
Nach Fertigstellung und Zulassung sollte an einem Wochenende die erste Fahrt durch das Bergische Land starten. „An einer Tankstelle in Odenthal wollte ich noch schnell tanken", erinnert sich Peter Esser. „Dort standen schon einige Motorradfahrer, und schnell bildete sich eine kleine Gruppe um mich, von denen noch keiner solch ein Motorrad je gesehen hatte. Ich musste viele Fragen beantworten, achtete nicht richtig darauf, schnappte mir einen Schlauch und steckte den Zapfhahn in den Tank. Plötzlich fragte einer der Motorradfahrer: Hatten Motorräder damals schon einen Dieselmotor? Du tankst ja Diesel. Bei dem Gequatsche und den vielen Fragen hatte ich tatsächlich den falschen Schlauch gegriffen und der Tank war schon fast voll mit Diesel. Meine Fahrt konnte ich vergessen", erzählt Peter Esser weiter. „Tank abbauen, auskippen, mühsam säubern und wieder anmontieren, danach war mir die Lust vergangen. Aber später war es eine Freude, mit dem Gerät zu fahren."

Eigentlich sollte mit dem Restaurieren endgültig Schluss sein. Aber herumsitzen mochte der rüstige Rentner auch nicht. Er erinnerte sich daran, dass er nie Schwierigkeiten mit Metallersatzteilen hatte, aber es gab immer Probleme mit den Gummiteilen, insbesondere mit den Fenster- und Türdichtungen, denn jedes Modell hat ein anderes Gummiprofil. Er besorgte sich Zeichnungen der Profile, und als gelernter Modellbauer stellte er die Modelle für die Presswerkzeuge dieser Gummiprofile her. Danach wurden dann die entsprechenden Werkzeuge gefertigt. Dann kaufte er die richtige Kautschukmasse und kann heute Fenster- und Türdichtungen in beliebiger Länge pressen. Inzwischen hat er die Kollektion auf alle Gummiteile der Modelle Isetta, BMW 600 und 700 ausgeweitet. „Mittlerweile fragen Clubs und Einzelbesitzer bei mir an", erzählt Peter Esser nicht ohne Stolz, „denn Blech und Metall mögen ja relativ lange halten, aber die Gummidichtungen an Fenstern und Türen verrotten nach einiger Zeit. So kann ich einen kleinen Teil dazu beitragen, dass die schönen alten Fahrzeuge noch lange fahrbereit bleiben."

Der letzte Schrei: Die Kotflügel der Maico Taifun waren geschwungen – ohne Funktion, aber es sah gut aus.

Sensationelle Innovation: eine voll verkapselte Vorderradschwinge. Die Federung der Maico war sehr gut.

Geschichten von englischen Patienten

Die Leidenschaft für Oldtimer und das damit verbundene Schrauben und Basteln macht auch in unserer Region vor keiner Berufsgruppe halt. Auch Reiner Fleck (60), Bankkaufmann aus Lindlar, der seit 1993 die Filiale einer Genossenschaftsbank in Bergisch Gladbach leitet, ist davor nicht gefeit.

Winning Team: Reiner Fleck (re.) und Peter Jendraschek (li.) haben allen Grund zum Strahlen, als der Sechs-Zylinder-Motor für den MG C endlich eingebaut ist.

Es begann in den 80er-Jahren mit einem VW Käfer Cabriolet, das lange Jahre in der Familie mehrmals den Besitzer wechselte. Aber wenn etwas kaputt war oder das ganze Fahrzeug sogar restauriert werden sollte, musste immer der „Banker" ran.

„Selbst als der Wagen verkauft war, hat er uns im Nachhinein noch viel Spaß gemacht", erzählt Reiner Fleck mit einem Schmunzeln, „denn das VW Cabriolet wurde über zweite und dritte Hand an den bekannten Boxer Axel Schulz als Oldtimer verkauft. Als der nach einiger Zeit das Fahrzeug wieder verkaufte, glaubte der neue Besitzer mit dem Namen Axel Schulz ein gutes Geschäft machen zu können und bot das Fahrzeug zu einem horrenden Preis als ‚Ex-Boxer Axel Schulz-Oldtimer' an. Leider machte ihm Axel Schulz durch seine Niederlage beim Comeback-Kampf 2006 gegen Brian Minto einen Strich durch die Rechnung", erzählt Reiner Fleck lachend, „denn durch den verlorenen Kampf fiel auch der Preis wieder auf ein normales Maß zurück."

Dann gingen einige Oldtimer durch Flecks Hände, darunter ein Mercedes 190 E von der Firma AMG getunt, ein

Ein Traum gewinnt an Form: Der MG C wurde von Grund auf neu aufgebaut. Vor lauter Nackigkeit ist er ganz rot geworden ...

BMW M3 oder ein Alfa Romeo GTV. „Sie machten alle viel Spaß, aber manchmal auch Ärger, wie das bei Oldtimern häufig so ist", erläutert er. Mehr und mehr schwärmte er aber für englische Sportwagen und erwarb 1990 einen MG C, Baujahr 1968, der aus Kalifornien stammte und in einer Fachzeitschrift angeboten wurde.

Dieser MG C, der einen Sechs-Zylinder-Motor mit 2,9 l und 145 PS besitzt, war von MG als Angriff auf die erfolgreichen Porsche gedacht, denn die MG-Modelle A und B waren nur mit Vier-Zylinder-Motoren und viel geringerer PS-Zahl bestückt. Der MG C kam aber viel zu spät auf den Markt, bis zum Ende der Modellreihe wurden nur noch geringe Stückzahlen gebaut. Das alles geschah ohne größere Öffentlichkeit und deshalb wissen viele Oldtimerfans nicht einmal, dass es den MG C überhaupt gab. Man erkannte ihn von außen nur an einer Hutze auf der Motorhaube, weil der größere Motor nicht genügend Platz hatte. Nach einigen Jahren der Fahrfreude nagte aber der Zahn der Zeit an Flecks Fahrzeug. 1996 meldete er es ab, zerlegte es und stellte es in die Ecke, mit dem Ziel einer späteren Vollrestaurierung.

Dafür fand er aber erst 2007 Zeit, weil ihm noch einige andere Oldtimer

Von wegen „Form follows function" – der MG C hat richtig Schwung: Diese wunderschön geformte Stoßstange könnte glatt von einem Italiener stammen.

Noch ist er auf beiden Augen blind, aber bald wird er das Licht der Straße erblicken: Die Restauration des MG C war ein hartes Stück Arbeit.

Englisches Alphabet: Der berühmte Schriftzug MG, die Abkürzung von Morris Garage, ziert hier das hohe C.

dazwischen kamen. „Mit der Vollrestaurierung wollte ich aber auch gleichzeitig eine Leistungssteigerung des Motors erreichen", erzählt Reiner Fleck, „und das bedeutete noch mehr Arbeit. Das Getriebe bekam ein Overdrive, der Motor wurde mit vielen Spezialteilen getunt und statt der englischen SU Vergaser haben wir ihn mit italienischen Weber-Doppelvergasern ausgerüstet. Statt vorher 145 PS leistet der Motor jetzt 185 PS und ist damit richtig sportlich."

Das alles braucht natürlich Zeit, besonders dann, wenn man nur den Feierabend und die Wochenendstunden zur Verfügung hat. Es gab aber noch einen Grund. Denn zwischendurch hatte es ihm auch noch ein 1300er Mini Cooper Innocenti angetan. Mit Baujahr 1976 war dieser einer der letzten Minis, die in Lizenz in Mailand gebaut wurden. Das kleine englische Kultauto, das von seinen Fans in der ganzen Welt geliebt wird, hatte durch einen genialen Trick seines Entwicklungsingenieurs Alec Issigonis, das, was die Werbung versprach: Der Mini hatte innen mehr Platz als von außen sichtbar. Das erreichte der geniale Konstrukteur von BMC, der Britisch Motor Corporation, indem er den Frontmotor quer einbaute. „Das war 1959, als der Mini erstmals vorgestellt wurde, eine echte Sensation", erzählt Reiner Fleck. „Mein Fahrzeug ist die italienische Ausführung von Innocenti aus Mailand, die nur in kleinen Varianten vom Original abweicht."

Der Mini wurde dank seines leichten Gewichtes und besonders wegen der PS-starken Motoren des englischen Tuners John Cooper sehr erfolgreich im Motorsport eingesetzt und das gilt bis heute auch für den historischen Motorsport. So gewann er zum Beispiel viermal hintereinan-

der die berühmt-berüchtigte Rallye Monte Carlo in den Jahren 1964 bis 1967. Die Cooper-Werksrenner hatten damals schon 120 PS und das bei einem Gewicht von nur 670 kg. Kein Wunder, dass viele später bekannte Rennfahrer auf einem Mini Cooper begannen, darunter Niki Lauda, der dreimalige Formel-I-Weltmeister, der als 18-Jähriger auf einem Mini Cooper S seine ersten motorsportlichen Erfolge errang. Der Mini war allseits beliebt und Ferrari-Boss Enzo Ferrari hatte gleich drei davon.

Auch die englische Queen hatte ihr Herz an den Mini verloren, ließ den Rolls-Royce häufig in der Garage und ließ sich majestätisch mit dem Mini chauffieren. Natürlich hatten auch die Beatles je einen und in 15 Kinofilmen der damaligen Zeit spielte der Mini eine Hauptrolle.

Genüsslich zählt Reiner Fleck diese Fakten auf und schaut dabei etwas verträumt auf seinen Mini Cooper. Aber wie ist er denn nun selbst an die kleine, viereckige Rakete gekommen?

„Den habe ich schon vor zwölf Jahren in der hintersten Werkstattecke eines Bergisch Gladbacher Busunternehmers erspäht, aber der Besitzer wollte ihn einfach nicht verkaufen. Ich fragte zwar immer wieder nach,

Die heißeste Kiste der 1960er-Jahre, der 1300er Mini Cooper: Wahre Liebe kann warten. Reiner Fleck hatte zwölf Jahre Geduld, bis er ihn erobern konnte.

aber erst nach zehn Jahren kam der entscheidende Anruf: ‚Wollen Sie den Mini immer noch?' Leider hatte der kleine Wagen da schon lange gestanden und sah schlimm aus. Aber was noch schlimmer war: Er brauchte fast mehr Öl als Benzin", erzählt Reiner Fleck.

Wieder war ein halbes Jahr Arbeit nötig und da der Motor sowieso völlig überholt werden musste, bekam er auch gleich eine Cooper-Leistungssteigerung und aus normalen 64 PS wurden schnell 90 PS. Nach zusätzlichen Veränderungen am Fahrwerk, das jetzt einstellbar ist, neuen Lederpolstern und einer neuen Lackierung wurde der Mini im April 2010 wieder zugelassen.

Damals sehr gefragt, aber sauteuer: die ersten Aluminium-Minilite-Felgen.

Eine tatkräftige Hilfe bei all den Eigenleistungen hat Fleck in seinem Freund Peter Jendraschek aus Frechen, der an den Fahrzeugen mittlerweile jede Schraube kennt und gern nach Overath-Untereschbach kommt, wo es in der kleinen Halle immer was zu tun gibt.

„Oldtimerfans haben immer auch ein Auge auf besondere Angebote", berichtet Reiner Fleck, „bei mir gilt das besonders für englische Fahrzeuge, obwohl ich deren Schwächen genau kenne. Es gab da ja früher schon böse Sprüche, zum Beispiel zum wunderschönen Jaguar E-Type. Von dem sollte man immer zwei besitzen – denn einer steht immer in der Werkstatt. Und zudem muss man einfach wissen: Englische Sportwagen der damaligen Zeit sind klein, eng und laut."

Mit einem seiner englischen Schätzchen hat Reiner Fleck auch eine lus-

Neue Raumordnung: Dieser 1300er Mini Cooper hat einen quer eingebauten Vier-Zylinder-Motor, der nach dem Tuning 90 PS leistet.

Gleiten statt sprinten: Die komfortable Sänfte, der Jaguar XJ 8, ist das genaue Gegenteil vom Mini Cooper.

Schmucke Katze: Mit seinen acht Zylindern und seinem elektronisch zuschaltbaren Overdrive kommt die XJ 8-Limousine wie auf Samtpfoten daher.

tige Probefahrt erlebt. „Ich hatte mal einen MG Midget (Zwerg) restauriert und eine Dame wollte ihn unbedingt haben. Zur Probefahrt schickte sie ihren breiten und kräftigen Freund von 1,90 Metern Größe. Der konnte zur Probefahrt gar nicht starten, weil er mit seinen Knien nicht unters Lenkrad kam. Also zwängte er sich in den Beifahrersitz. Nach der Probefahrt kam er da aber nicht mehr raus. Aussteigen konnte nur, nachdem ich das Verdeck geöffnet hatte." Seine jüngste Errungenschaft ist natürlich erneut ein englisches Fabrikat, aber von der großen und bequemen Sorte. Der Jaguar XJ 8, Baujahr 1997 ist zwar noch kein Oldtimer, aber mit acht Zylindern, 3,2 Liter Hubraum und 220 PS genau das Gegenteil seiner kleinen, sportlichen Flitzer. „Oldtimer wird er von selbst", meint er lächelnd. „Reinsetzen, auf Automatik schalten und nicht fahren, sondern gleiten und immer die Augen offenhalten nach neuen Funden – frei nach dem englischen Agenten James Bond: Sag niemals nie."

Der Mustang-Flüsterer

Das Leben ist doch ein Ponyhof: Auf der „Koppel" von Adi Heinen in Solingen weiden rund 1 200 PS. Der Begriff der Pony-Cars begründete eine völlig neue Fahrzeuggattung.

Die Mustangs von Adi Heinen haben vier Räder und hupen statt zu wiehern. Neun Exemplare hegt der Solinger in seinem Stall, alle eigenhändig restauriert. In der Szene gilt er europaweit als Fachmann.

Dem Ursprung nach sind Mustangs verwilderte, ausdauernde Pferde der amerikanischen Prärie. Als sich Ford 1964 den Namen Mustang für ein Automodell sicherte, sollte dieser Name Kraft und Stärke der PS-Protze ausdrücken. Und tatsächlich wurde das lang gestreckte, galoppierende Pferd am Kühlergrill zum Synonym für PS-Power und Ausdauer.

Acht-Zylinder-Motoren, bis zu sieben Liter Hubraum und fast 400 PS waren auf Wunsch lieferbar und wurden in verschiedene Modellvarianten eingebaut. Für die kleineren Geldbeutel genügten Motoren mit 180 PS.

Ein absoluter Fan dieser vierrädrigen Mustangs und in der Szene europaweit bekannt ist der Solinger Adi Heinen.

Der ehemalige Schleifer hat gleich neun dieser besonderen Art von Pferden im Stall. Alle hat er selbst wieder aufgebaut und ihren betag-

Adi Heinen an einem seiner Schmuckstücke, dem „Shelby-Mustang", erkennbar an zwei blauen Streifen, die über das gesamte Fahrzeug verliefen. Carol Shelby, der in den 60ern vom autobegeisterten Hühnerzüchter auf Motortuning umgesattelt hatte, gab seinen Kreationen stets reichlich Power mit auf den Weg.

ten Motoren hat er neues Leben eingeflüstert. Die Mustangs beherrschen seit fast 30 Jahren sein Leben und das nicht nur in Werkstatt und in Garagen, sondern im gesamten Haus. Adi Heinen, der bis ins Rentenalter in seinem eigenen kleinen Kotten arbeitete, hat sich im Laufe der Jahre ein profundes Wissen über Motoren, Getriebe, Karosserien und Fahrgestelle dieses Autotyps angeeignet. „Inzwischen habe ich bei diesen Fahrzeugen vor nichts mehr Angst", sagt er mit einem Augenzwinkern, „höchstens Respekt vor den komplizierten Automatik-Getrieben." Wie ist der 75-Jährige überhaupt in den „Sattel" gelangt? Es geschah während eines Urlaubs mit seiner Partnerin am Wörthersee 1983. Dort entdeckte er ein leuchtend rotes Mustang-Cabriolet vor dem Hotel. „Da ist es passiert", erzählt er. „Ein paar Tage später sprach meine Partnerin dann den Satz aus, der mir auch schon die ganze Zeit auf der Zunge lag: ‚So ein schönes Auto möchte ich auch mal haben!' Es war um uns geschehen."

Adi Heinen suchte zunächst in allen einschlägigen Zeitschriften nach einem verkäuflichen Exemplar. Das Ergebnis: entweder keine Angebote oder zu teure. Doch drei Wochen später stand ausgerechnet im Solinger Tageblatt eine entsprechende Annonce: Mustang zu verkaufen!

Die „Pony-Cars" der Marke Mustang waren relativ günstig in der Anschaffung und richteten sich vor allem an junge Kunden. Sie verkörperten die unter dem Namen „Muscle Cars" bekannt gewordene Generation großvolumiger und PS-starker Motoren.

Liebeserklärung: Das rote Cabrio hat Adi Heinen vor 30 Jahren für seine Frau gesucht, gefunden und aufgebaut. Für den Mustang wurden ihm bereits enorme Summen geboten, aber das Auto ist unverkäuflich.

Traum in Chrom: ein sportliches Lenkrad mit Holzkranz und drei Aluminiumspeichen im Lochdesign.

„Das Auto war fast 20 Jahre alt und absolut schrottreif", erinnert sich der Handwerker. „Ich habe es dann noch schlechter geredet und wir haben uns auf einen Preis von 4000 Mark geeinigt."

Er schaffte das rostige Gefährt in die Garage und hatte ein schlechtes Gewissen, denn es trat genau das ein, was er befürchtet hatte: Seine Partnerin schlug die Hände über dem Kopf zusammen und lamentierte: „Was willst du denn mit dem Schrotthaufen?! Und außerdem sollte unser Auto doch rot sein!!"

Erst nachdem er einige Monate Geduld eingefordert hatte und gelobte, dass der Mustang – wenn er denn einmal fertig sei – auch bestimmt rot lackiert würde, ließ sie ihn in Ruhe. „Sechs bis sieben Monate", erinnert sich der 75-Jährige, sei er in die Garage abgetaucht. „Meine Familie sah mich nur zum Frühstück, denn die Abende, die Nächte und Wochenenden gehörten meinem Pony."

Selbst den geliebten Sport stellte er kurzzeitig etwas zurück. Adi Heinen betreibt seit mehr als 50 Jahren Judo, ist Inhaber des 3. Dan und schwarzen Gürtels und bis heute als Trainer im Postsparverein Solingen im Einsatz. „Irgendwann war er da, der große Moment", erinnert

Eindeutige Botschaft: Kraftstrotzendes Heck mit dreiteiligen, hochstehenden Rückleuchten. Die beiden Auspuffrohre verraten die Power unter der Haube.

Kultig: Das galoppierende Pferd kam nicht nur in Indianerfilmen vor, als Exemplar auf vier Rädern spielte es in vielen internationalen Kino-Streifen eine Rolle.

Typisch amerikanisch: Weißwandreifen, aber keine Radspeichenräder, sondern aufgesetzte Zierblenden.

er sich daran, wie sich das Tor der Lackiererei öffnete und das Mustang-Cabriolet in strahlendem Rot in die Frühlingssonne rollte. „Das war wie Weihnachten. Meine Lebensgefährtin hat vor Freude fast geweint, denn genauso hatte sie sich ihr Traumauto vorgestellt."

Viele wollten ihm dieses Exemplar bereits abkaufen, aber: „Das habe ich jetzt schon 30 Jahre, das gebe ich nicht weg. Da steckt zu viel Herzblut drin."

Dieser erste Mustang war der Beginn einer großen, bis heute andauernden Leidenschaft. Immer wieder wurden Adi Heinen Mustangs angeboten, aber er hat stets nur solche gekauft, die er auch selbst aufbauen und restaurieren konnte.

Und daraus ist im Laufe der Jahre eine stolze Flotte geworden. Einige der PS-Schätzchen wurden sogar Fernsehstars. So fuhr ein Hauptdarsteller in der Serie „Verbotene Liebe" monatelang mit einem Mustang von Adi Heinen durchs Bild.

Der ehemalige Schleifer macht – meistens mit seinem liebsten roten „Pony" – sehr häufig Ausflüge ins Bergische Land rund um Solingen, Leichlingen und Wermelskirchen. Angetan hat es ihm besonders die kurvenreiche Bergstrecke des alten Solinger Klingenrings. Sonntags besucht er oft den Oldtimer-Treff am Alten Bahnhof in Burscheid-Hilgen. Wer wird sich um die Mustangs kümmern, wenn der 75-Jährige sie einst nicht mehr reiten und versorgen kann? „Gute Frage", meint er verschmitzt lächelnd und serviert sofort die Antwort: „Unsere Familie scheint besondere Auto-Gene zu haben. Ich habe den Umgang mit Werkzeugen und Metall von meinem Vater geerbt. Mein Sohn wiederum hat von Kindesbeinen an immer schon in der Garage mitgebastelt." Inzwischen ist der Sprössling Autoschlosser-Meister mit eigener Werkstatt in Solingen. Die Mustangs lassen ihn jetzt schon nicht mehr los – er hat bereits drei eigene. „Ich muss mir um meine Ponys also keine Sorgen machen", sagt Adi Heinen. „Die stehen unter Artenschutz. Die nächste Generation von Mustang-Fans scharrt schon mit den Hufen."

Eindrucksvoll: Der berühmte V8-Block-Motor war langlebig und wartungsarm und begeisterte ganze Generationen durch seinen sonoren Sound.

Wie ein Sammlerherz zu schlagen begann

Ein Rosengart LR 44 von 1933: Der Aufbau bis zur Fensterlinie bestand aus Stahl, die Konstruktion darüber war aus Holz, das mit Kunstleder bespannt war.

Viele Menschen können auf Anhieb eine Menge Autofabrikate aufzählen, darunter auch solche, die längst nicht mehr auf dem Markt sind. Unvergessen sind einst so bekannte Namen wie Borgward, DKW, Heinkel, Adler, Goliath, Lloyd, Singer und viele mehr.

In ganz Europa, so auch in Deutschland und weiteren Autoländern wie Italien oder Frankreich verschwanden einst berühmte und beliebte Marken und Modelle sang- und klanglos vom Markt. In Frankreich war es unter anderem die Marke Rosengart, die hier in Deutschland kaum noch jemand kennt, aber der ältere Franzosen heute noch nachweinen.

Ausgerechnet ein deutscher Oldtimersammler aus Bedburg machte sich auf, die Marke Rosengart vor dem Vergessen zu retten. Heute besitzt er mit 41 Modellen die weltweit größte Sammlung dieser französischen Marke.
Wenn Karl-Heinz Bonk (74) heute in Bedburg-Rath voller Stolz durch sei-

Dieser Viersitzer hatte bereits einen Frontantrieb und einen Heckkofferraum. Lucien Rosengart verwendete in Lizenz englische Austin-Motoren.

ne Sammlung schlendert, aus der er in den vergangenen Jahren ein kleines Museum gemacht hat, dann kann er zu jedem Auto eine abenteuerliche Geschichte erzählen: Wann, wie und wo er es in Frankreich gefunden hat, wie er es dann nach Deutschland geschafft und mit Freunden und Helfern wieder restauriert hat.

Aber wie kam er denn gerade auf diese Marke? Denn eigentlich hatten er und seine Familie zu dem Hersteller Lucien Rosengart doch überhaupt keine Verbindung?

„Ich hatte eigentlich vorher nur Spielzeug und ein paar mechanische Instrumente gesammelt", erzählt er, „aber dann besuchte ich mit einem Freund eine Oldtimermesse in Lyon. Dort standen zwei Rosengart. Ich hatte zwar schon davon gehört, aber keine richtige Vorstellung davon. Jedenfalls muss sich in der Ausstellung bei mir im Kopf ein Schalter umgelegt haben, es machte ‚Klick!' und es war geschehen – ich wurde zum Rosengart-Freak.

Das machte sich dann schon auf der Heimfahrt bemerkbar. Als uns ein älteres Fahrzeug entgegenkam, rief ich meinem Freund zu: ‚Da, ein Rosengart!' Dieser aber stritt das ab und ich sagte: ‚Dann wende, wir fahren hinterher und dann werden wir es ja sehen.' Als das Fahrzeug nach langer Fahrt endlich an einer Tankstelle hielt – wir hatten bei der Hinterherfahrt schon längst gesehen, dass es ein Rosengart war –, stand mein Entschluss fest. Ich musste den Fahrer zum Verkauf bewegen!"

Damals trendy im Auto: das Pepita-Muster. Die Innenausstattung war aus Ripsstoff.

Ausgefallen: Cabriolets und Zweisitzer hatten bei Rosengart häufig einen anderen Kühlergrill als die Limousinen.

Ein Blick in die Ausstellung, die nach Modellen geordnet ist.

Das gelang ihm dann auch, wobei im Kaufpreis noch ein Citroën 2 CV (Ente) enthalten war, denn der Besitzer des Rosengart hätte sonst ohne Fahrzeug dagestanden. Wenige Tage später fuhr Karl-Heinz Bonk mit einem Trailer-Anhänger, auf dem die Ente schaukelte, wieder nach Lyon und holte den Rosengart ab. Seitdem haben ihn das Feuer und die Begeisterung für „seine" Rosengart nie wieder verlassen, beides hält bis heute an. Aber damals ahnte er noch nicht, welche Rosengart-Schätze er im Laufe der Jahre noch heben sollte, denn durch seine freundliche und begeisternde Art hatte er in Frankreich viele Freunde gewonnen und die führten ihn von Schatz zu Schatz.
Schließlich bekam er in Frankreich sogar den Spitznamen „Monsieur Rosengart-Bonk". Das fachte seine Neugier und Leidenschaft noch weiter an. Er wollte sich noch intensiver mit Leben und Werk dieses französischen Automobilfabrikanten befassen.

„Mich hat die Persönlichkeit dieses Mannes interessiert, denn als ich hörte, dass sogar so bedeutende Automobilbauer wie André Citroën und Peugeot mit ihm zusammengearbeitet haben, Automobilmarken, die immerhin zwei Weltkriege überlebt und noch heute europaweite Geltung haben, da wollte ich mehr über diesen Monsieur Rosengart wissen."

Karl-Heinz Bonk nutzte nun seine Kontakte und erwarb aus mehreren Quellen alle Dokumente über die

Unter der Regie des Ingenieurs Rosengart entstand auch ein Sechs-Zylinder-Motor, den er in seine Premium-Modelle einbaute.

vielfältigen Aktivitäten des Lucien Rosengart, wobei natürlich die Fabrikationsunterlagen aller Rosengart-Modelle im Vordergrund standen. Nach monatelanger Aufbereitung kann er heute sogar die Anfragen nach Fabrikationsdatum, Fahrgestellnummer und Ausstattung aller je ausgelieferten Rosengarts benennen und davon machen Rosengart-Freunde in aller Welt regen Gebrauch.

Angesichts solcher Begeisterung entstand auch der Kontakt zur Familie. Auf deren Altersruhesitz in Villefranche-sur-Mer in der Nähe von Nizza erfuhr er auch von der letzten Ruhestätte seines Idols auf dem Pariser Friedhof Montrouge. Auch dorthin fuhr Karl-Heinz Bonk mehrfach. Nach Rücksprache mit der Familie und der Friedhofsverwaltung durfte er dort eine Gedenkplakette anbringen mit der Inschrift „Lucien Rosengart für uns unvergessen. Rosengart-Museum in Bedburg-Rath“.
Letztlich vermachte ihm die Familie sogar persönliche Gegenstände und das reichte von der Schreibtischgarnitur über eine Bronzebüste bis hin zu Landschaftsbildern, die

Design bis ins Detail: Die Rosengart-Modelle unterschieden sich auch durch die Kühlerfiguren.

Lucien Rosengart selbst gemalt hatte. Die umfangreichen Unterlagen und die immer größer werdende Autosammlung mussten aber bald eine neue Unterkunft haben und diese fand Karl-Heinz Bonk in Bedburg-Rath auf einem Gut, das früher der Abtei Kamp unterstand und bereits 1316 als „Villa de Rhode“ urkundlich erwähnt wird. Hier konnte er einen größeren Scheunenbereich anmieten und nach Renovierungsarbeiten, bei denen auch Auflagen des Denkmalamtes zu beachten waren, konnte er 1989 die gesamte Sammlung nach dort verlagern. Schnell vermehrten sich aber die Exponate und so musste er schon 1992 vergrößern und im Innenraum bauliche Veränderungen vornehmen.
Seitdem erfreut sich das kleine Museum regen Zulaufs und die Besucher kommen aus ganz Europa. Häufig bekommt er auch auch außergewöhnlichen Besuch von Menschen aus der Automobilindustrie. „Eines Tages schritt der berühmte Designprofessor Luigi Colani durch die Sammlung“, erzählt Karl-Heinz Bonk, „ich kannte ihn ja nicht und sprach ihn höflich an. Da stellte er sich vor: Colani, Professor Colani. Ich stellte mich dann auch vor: Papst Johannes Paul.“
Colani musste herzhaft lachen und der Bann war gebrochen.
„Er erzählte mir dann, dass er als junger Student in Paris auch für das Büro des Designers Charbonneaux gearbeitet und einige Zeichnungen für den Ariette von Rosengart gemacht hätte und dabei zeigte er auf das Modell. Dann ließ er sich Papier und Stift bringen und skizzierte den hinteren, tropfenförmig gestalteten Kotflügel der Ariette. Er übergab mir die Blätter und meinte, die seien zwei Millionen wert. Ich händig-

Rosengart baute auch schnelle kleine offene Sportwagen wie diesen LR 4. Er hatte bereits eine Anzeige für Öldruck und Benzinvorrat und einen Starterschalter.

Der Rosengart LR 4 N2 war ein Top-Seller: Bis 1948 wurden rund 22 600 Exemplare verkauft. Mit seinen 18 PS aus 747 ccm schaffte der Wagen 80 km/h Spitze.

Lucien Rosengart war ein erfahrener Geschäftsmann und der erste Franzose, der ein Frontantriebsauto in Serie herstellte: Der Rosengart LR 55 Aerodynamique Supertraction, Baujahr 1934, war der technische Vorläufer des legendären Citroën 7 CV Traction Avant. Von diesem Rosengart wurden nur 250 Exemplare produziert.

Lebenswerk: Karl-Heinz Bonk hat dem Industriellen Lucien Rosengart in Bedburg-Rath ein Denkmal gesetzt.

te ihm unser großes Museumsbuch aus und ein Rosengart-Emblem mit den Worten: „Reicht Ihnen das als Ausgleich oder bekomme ich eine weitere Zeichnung?“ Wieder soll Colani schallend gelacht haben. Daran schloss sich eine lebhafte Unterhaltung über die gesamte Palette der Rosengart-Fahrzeuge an. Die Zeichnungen hat Karl-Heinz Bonk natürlich seiner Sammlung einverleibt.

Der Museumsbegründer ist übrigens auch ein begnadeter Erzähler. Nicht nur, dass er von den vielen Rennerfolgen der Marke gestenreich berichten kann, auch zu einzelnen Fahrzeugen hat er häufig eine interessante Story parat. An einem ganz bestimmten Fahrzeug erzählt er eine seiner Lieblings-Stories: „Dies ist das erste Auto mit einem leise laufenden Sechs-Zylinder-Motor. Es geht zurück auf eine schicksalhafte Begegnung: Eines Tages sah Rosengart in Paris, wie sich eine Dame mit einem Ungetüm von Auto quälte. Er ging hin und sagte: ‚Wie kann eine so schöne Frau mit solch einem Lastwagen fahren?‘ Er baute ein elegantes und leises Fahrzeug und schenkte es ihr. Sie wurde seine Frau.“

Längst ist nicht nur die Straße, die zum Museum führt, in „Lucien-Rosengart-Weg“ benannt, das Museum hat auch ein Garten-Café bekommen. Hier lässt es sich nach der Besichtigung bei Kaffee und Kuchen – alles hergerichtet von Ehefrau Erika, die viel Verständnis für die extreme Sammelleidenschaft ihres Mannes aufbringen musste –, trefflich über die Autos und die Sammlung reflektieren.

Der Kleine mit der großen Klappe

Physikalisches Phänomen: Der „Piccolino" ist größer als der Zugwagen. Möglich ist das Gespann nur durch die Leichtbauweise des Anhängers.

Wenn Harald Schenk mit seinem Isetta-Wohnwagen unterwegs ist oder ein Treffen besucht, ist ihm überall größte Aufmerksamkeit gewiss. Die kultige BMW Isetta, im Volksmund früher auch „Knutschkugel" genannt, bereitet ja schon solo bei den Menschen Freude und Entzücken. Wenn dahinter aber auch noch ein kleiner, nutzbarer Wohnanhänger, ein „Piccolino" rollt, kann sich Harald Schenk vor lauter winkenden und freundlich fragenden Menschen kaum noch retten. Der kleine Wohnanhänger, in den 1950er-Jahren von einer italienischen Firma unter dem Namen „ES Piccolo" hergestellt, wurde speziell für all die kleinen Fahrzeuge der 1950er- und 1960er-Jahre gebaut, deren Motoren nur 250 bis 500 ccm hatten und die sonst auf den Komfort eines Wohnanhängers verzichten mussten.

Heute wird der „Piccolino" von einer Wuppertaler Firma auf Kunststoffbasis nachgebaut und erreicht dadurch Niedrigstwerte von nur 120 kg Leergewicht bei 300 kg Tragfähigkeit. „Ja ...", meint Harald Schenk nachdenklich, „mit dem Gespann errege ich mehr Aufmerksamkeit als mit

Kofferträger statt -raum: Die Reisenden mussten sich vor dem Start in den Urlaub gut überlegen, was sie tatsächlich benötigten.

Eingebaute Sonnenbrille: Die Blende an der Windschutzscheibe der Isetta war nicht serienmäßig, sondern eine verhältnismäßig teure Sonderausstattung.

dem größten und schönsten meiner sonstigen Oldtimer. Wenn ich dann vorführe, dass dieser Kleinstwohnwagen hinten aufgeklappt wird, können sich die meisten Leute ein Schmunzeln nicht verkneifen."

Dabei hatte er mit dem Kauf der Isetta großes Glück, denn die ältere Dame, die mit ihrem Mann in dem guten Stück 25 Jahre durch den Westerwald gebraust ist, musste das gut gepflegte Schätzchen, Baujahr 1966, aus Altersgründen verkaufen. Bei der Übergabe standen der langjährigen Besitzerin Tränen in den Augen. Schenk vereinbarte mit ihr, jedes Mal ein Foto zu schicken, wenn die Isetta einen schönen Einsatz haben sollte. Das ging schneller als gedacht, denn im Bekanntenkreis gab es bald eine Hochzeit und die Braut wurde mit der Isetta zur Kirche gefahren.

Inzwischen hat der in Niederkassel-Mondorf beheimatete Harald Schenk eine kleine Sammlung von fünf Oldtimern aufgebaut, die sich wahrlich sehen lassen kann. Zuerst waren es die Kleinstfahrzeuge Goggo und Isetta, weil Ehefrau Carola diese so „schnuckelig" fand. Manchmal

Schmuckstück: Welche Braut möchte damit nicht zur Kirche fahren? Harald Schenk funktionierte sein Traumauto, die Mercedes 230 S Heckflosse in der Exportausführung, zur „Hochzeitskutsche" um.

Große Augen: Die übereinander angeordneten Doppelscheinwerfer waren sensationell. Umrankt von viel Chrom und der mächtigen Stoßstange.

fährt sie mit der Isetta sogar zu ihrer Arbeitsstelle.

Dann sollte es aber auch mal was Größeres sein. Da erinnerte sich Harald Schenk an seine große Liebe, eine Mercedes Heckflosse 200 D von 1965, an der er schon zu seiner Bundeswehrzeit an Wochenenden mit seinem Onkel herumgewerkelt hatte. Der Onkel brachte dem Neffen, dem gelernten Maschinenschlosser, bei dieser Gelegenheit noch die Karosseriearbeiten bei. Damit waren die besten handwerklichen Voraussetzungen gegeben, Oldtimer selbst zu restaurieren. Nach ersten Versuchen war dann wieder eine Mercedes Heckflosse dran, diesmal ein 190 D von 1964, dunkelbraun, noch mit durchgehender, vorderer Sitzbank.

Im Jahr 2000 wechselte Harald Schenk seinen Arbeitgeber und heuerte bei der Maschinenbau Kitz Technologie Group in Troisdorf-Bergheim an. Dort schwärmte ihm ein Kollege von einer Heckflosse vor, die schon 20 Jahre unbenutzt in einer Garage stehen sollte. Schenk konnte nicht widerstehen und ergriff sogleich die Gelegenheit.

Das Auto, ein Mercedes 230 S, eine „Heckflosse" von 1966, in blau und in Exportausführung, befand sich sozusagen in Familienbesitz. Der Opa hatte es 1966 gekauft und der

Vom Feinsten im Roy-Black-Stil: das Lenkrad „ganz in Weiß mit einem Blumenstrauß", am Armaturenbrett der klassische Säulen-Tachometer.

Luxus der 60er- Jahre: Mercedes wollte ein Auto, das dem Geist der Zeit entsprach und trotzdem erschwinglich war. Schon damals schickten die Stuttgarter ihre Luxuskarossen in die ganze Welt.

Enkel sollte es nun verkaufen. Aber die finanziellen Vorstellungen passten nicht zusammen. Harald Schenk musste zwei Jahre verhandeln, bis der Kauf endlich zustandekam.

Nach wochenlangen Aufbereitungsarbeiten am Lack steht der blaue Mercedes nun in strahlendem Glanz da und macht durch die Extras an Chrom und Lampen, die eine Exportausführung hat, richtig was her.

„Schließlich bot mir ein Clubfreund ein sehr seltenes Fahrzeug an", berichtet Harald Schenk, „einen Fiat Granluce Cabriolet von 1959. 1100 ccm, 40 PS. Davon wurden nur ca. 2000 gebaut, etwa 50 Prozent davon wurden in die USA exportiert. In Deutschland sind nur fünf Besitzer bekannt. Aber auch hier waren zuerst Technik, Lack und Leder wieder in Ordnung zu bringen." Heute ist das Fahrzeug in Ferrari-Rot ein echter Hingucker.

Harald Schenk kann's nicht lassen: Schon wieder hat er eine Heckflosse 190 D von 1964 in Arbeit. Damit lässt er sich aber bis zum Herbst Zeit, denn bis in den Sommer hinein hat er noch eine andere Aufgabe zu er-

... das Heck dagegen wieder gewohnt filigran. Besonderheit: Die Stoßstange ist aus einem Stück geformt, die Chromwelle war schick.

Die Front des Fiat Granluce Cabrio aus dem Jahr 1959: ganz schön bullig-amerikanisch für einen Italiener ...

Harald Schenk in seinem seltenen Stück. Der Fiat Granluce war seiner Zeit voraus. Auffällig ist auch die gebogene Windschutzscheibe, die so die Fenster-Holme ersetzte.

Spartanisch: Der Granluce hatte noch einen Band-Tacho. Das sportliche Lenkrad verfügte über einen Hupring – sehr wichtig für Italiener.

ledigen. Zum Mondorfer Stadtfest 2005 war er gefragt worden, ob er seine Oldtimer dort nicht ausstellen könne. Er hatte noch ein paar Mitglieder der Oldtimerfreunde Niederkassel zusammengetrommelt und gemeinsam 15 Oldtimer und zehn alte Motorräder ausgestellt.
Ein Jahr später waren es bereits 250 Fahrzeuge, die das Treffen am Samstag und Sonntag besuchten. Die Projektmanager übertrugen Harald Schenk die Gesamtorganisation. Das schnell gewachsene Kind bekam dann auch einen Namen: Die alljährliche „Classic Cars & Caravans“ in Niederkassel bei Bonn findet immer neue Besucher.

„In der heutigen schnelllebigen Welt sehnen sich viele zurück nach den ‚guten alten Zeiten‘“, erklärt sich Harald Schenk den immer größeren Zuspruch. „Bei uns unternehmen die Menschen für ein Wochenende eine Zeitreise in die Vergangenheit.“

Goliaths Sieg über David

Oldtimersammler haben die verschiedensten Interessen und Ideen, was ihr Hobby angeht: Die einen sammeln eine bestimmte Marke, die anderen Fahrzeuge eines festgelegten Zeitraumes, wieder andere sammeln Motorräder oder Traktoren.

Mit Schürze, Ledermütze und Glocke: So zogen in den 50er-Jahren die Transporteure mit ihrem Dreirad durch die Straßen ...

Kurt Serbitzer aus Bergisch Gladbach sammelt kleine Nutzfahrzeuge, bis hin zu einem 3,5-Tonner-Lkw. Darunter sind einstmals so bekannte Firmennamen wie Goliath, Lloyd, Borgward, DKW, Tempo oder Mercedes Unimog. Von Letzterem hat er sogar drei verschiedene Typen. Alle hat er in miserablem Zustand oder sogar als Schrott erworben und Stück für Stück eigenhändig wieder aufgebaut und fahrfertig gemacht.

Begonnen hat diese Geschichte fast wie das biblische Gleichnis, nämlich mit dem Kampf von David gegen Goliath. Kurt Serbitzer stammt aus einer alten Fuhrmannsfamilie. Der treue Hengst David zog jeden Tag den Wagen mit Säcken voller Kohlen und Kartoffeln an den Häusern vorbei und Vater Serbitzer lieferte die Bestellungen aus. Während David verschnaufte, wuchtete Vater Serbitzer die Säcke in die Keller, denn das wurde als zusätzlicher Service erwartet. Das Geschäft lief nicht schlecht, nur David lief nicht so schnell, als dass man das Geschäft hätte ausweiten können. Außerdem kam David in die Jahre und wurde immer langsamer. Kurt Serbitzer erinnert sich an die Familienversion der Geschichte von David

... auf der kleinen Ladefläche des Goliath „Klütten un Arepels", Kohlen und Kartoffeln.

und Goliath: „Es war 1953, ich war gerade zehn Jahre alt und begeisterter Autobilder-Sammler, denn die Motorisierung begann zu rollen. In meiner Bildersammlung suchte ich nach einem geeigneten Fahrzeug für unsere Kohlen- und Kartoffeltransporte. Aber schnell machte mir mein Vater klar, dass David nur Wasser, Hafer und Heu brauchte, ein Auto aber Benzin, Öl, Steuer und Versicherung koste und bestimmt häufiger in die Werkstatt müsse. Also alles viel zu teuer! Trotzdem ließ mich ein Fahrzeug nicht mehr los. Es war ein kleines Dreirad mit einer Ladefläche und dem schönen Namen Goliath.

Eines Tages machte ich von der Schule aus einen größeren Umweg und fuhr an einer Werkstatt vorbei, die solche Fahrzeuge verkauften. Ich wollte einige Prospekte mit nach Hause nehmen. Mein Vater war erstaunt ob meiner Initiative, vertiefte sich aber bald in die Broschüren, denn eine Information hatte es ihm besonders angetan. Denn dort stand geschrieben: ‚steuerbefreit, weil Dreirad'. Mein Vater begann zu rechnen und zwei Wochen später nahm er mich mit zum Goliath-Händler und kaufte tatsächlich einen Goliath GD 750 – auf Raten."

Schmunzelnd erzählt Kurt Serbitzer dann weiter: „Leider hatte David diesmal gegen Goliath verloren, aber David kam in gute Hände und der Stall wurde zur Garage umgebaut. Mein Vater war jetzt stolzer Kraftfahrer, schaffte mit dem Goliath die dreifache Tagesmenge und das kleine Transportunternehmen blühte auf. Als ich vier Jahre später in die Lehre als Kfz-Mechaniker kam, blieben auch Wartung und Reparatur des Goliath in der Familie."

Praktische Kombination: Wenn Kurt Serbitzer zu Treffen fährt, nimmt er den Lloyd 600 huckepack auf den Borgward-Lkw ...

... um die beiden einzeln auszustellen. Beide Fahrzeuge sind sehr selten, Kurt Serbitzer bewahrt sie vor dem Vergessen.

An all das erinnerte sich Kurt Serbitzer wieder, als er mit 59 Jahren plötzlich entlassen wurde, weil die Firma, bei der er arbeitete, Konkurs anmelden musste. Er wollte seine Zeit sinnvoll verbringen und machte sich auf die Suche nach einem alten Goliath-Dreirad.

Es sollte aber das gleiche Baujahr und der gleiche Typ sein wie damals. Eines Tages wurde ihm zugetragen, dass auf einem alten Lagerplatz in Bergisch Gladbach, zugestellt durch Gerümpel, solch ein Fahrzeug stehen sollte. Direkt fuhr er dorthin, kämpfte sich durch das Gerümpel und stand plötzlich vor einer Dreirad-Ruine. Der ganze Holzaufbau war vermorscht und verzogen, die Türen ohne Scheiben hingen schief in ihren Scharnieren, die Reifen waren platt, kurz: Das Auto war eine Schrottlaube. Und ob der Motor überhaupt noch in Ordnung war, ließ sich nicht feststellen.

Kurt Serbitzer wollte schon vom Kauf Abstand nehmen, aber als er sich die Papiere etwas genauer ansah, stellte er fest, dass es genau der Fahrzeugtyp war, den sein Vater damals gekauft hatte. Ein Goliath GD 750, Baujahr 1953, mit 500 ccm und 15 PS. Das gab den Ausschlag. Man wurde sich handelseinig. Kurt Serbitzer schaffte die wertvolle Ruine nach Hause.

„Was willst du denn mit diesem Schrotthaufen!“, rief meine Frau ent-

„Wer den Tod nicht scheut, fährt Lloyd ..." Das galt allerdings mehr für die kleinen Leukoplastbomber der Borgward-Tochter. Dieser Lloyd LT 600 mit unbändigen 19 PS war einer der ersten Großraumfahrzeuge der Nachkriegszeit und damit ein Vorläufer der heutigen Vans.

setzt", erinnert sich Kurt Serbitzer, „und ich musste hoch und heilig versprechen, dass ich das Dreirad wieder so hinkriege, wie es in schönen Fotos vor uns lag."

Und nun begann die Restauration an einem Fahrzeug des gleichen Typs, an dem er schon vor 45 Jahren als Lehrling gearbeitet hatte und wofür der brave Hengst David damals hatte weichen müssen.

Nach anderthalb Jahren stand das Goliath-Dreirad im strahlend blauen Glanz wieder auf seinen drei Rädern. Auf der Ladefläche stehen einige Säcke mit Kohlen und eine alte Waage, so wie sein Vater damals immer losgefahren ist, mit Ledermütze und -schürze, eine Glocke schwingend, so stellt Kurt Serbitzer bei Oldtimertreffen originalgetreu seinen Vater dar. Nur einen kleinen Gag hat er sich zusätzlich erlaubt. Auf den Seitenbrettern steht in bergischem Platt: Klütten-Kurt (Klütten = Kohlen) und Arepels-Karin (Arepels = Kartoffeln). So hat er seine Frau Karin, die immer begeistert mitfährt, eingebunden.

Schmunzelnd sagt er dazu: „Das ist das Wichtigste, wenn die Frau nämlich nicht mitmacht, kannste das ganze Hobby gleich in die Tonne klopfen." Aber Frau Karin machte fleißig mit. Kaum war das Goliath-Dreirad fertig, hielt Kurt Serbitzer schon nach dem nächsten Objekt der Begierde Ausschau.

Besonders hatten es ihm die Fahrzeuge aus der Borgward-Gruppe angetan, denn auch die selbstständigen Firmen Goliath und Lloyd gehörten zu Borgward. Er hatte ein Auge auf ein ganz besonderes Fahrzeug geworfen, den seltenen Lloyd-LT 600. Lloyd hatte 1950 mit dem LP 300 Furore gemacht und den Kleinwagenboom angeschoben. Dieser erste Lloyd 300 hatte nur 300 ccm, 10 PS und bestand aus einer Holzkarosserie, die man mit Filz polsterte und dann mit Kunstleder überspannte.

Sofort hatte der Volksmund einen Namen für dieses skurrile Gefährt: „Leukoplastbomber".
Außerdem dichtete er dazu: „Wer den Tod nicht scheut, fährt Lloyd."

1952 kam dann der erste „Groß-raum-Pkw“, der Lloyd LT 600 mit sechs Sitzplätzen. Er hatte 600 ccm, leistete 19 PS und ist sehr selten zu finden. Auf diesen Urahn moderner Vans hatte es Kurt Serbitzer abgesehen. Er hatte Glück und fand ein solches Fahrzeug aus der letzten Serie von 1961, denn genau in diesem Jahr meldete Borgward Konkurs an und damit verschwanden auch die Töchter Lloyd und Goliath vom Markt.

Der Lloyd LT 600 wurde auch als Kastenwagen gebaut und als solcher wurde er auch nach Finnland ausgeliefert. Der finnische Besitzer baute ihn aber bald zum „Büschen“ aus, d. h. er setzte neue Scheiben ein. Jahrzehnte später kam das Auto wieder zurück nach Deutschland, zu finnischen Verwandten nach Bremerhaven. Diese wollten es restaurieren, aber schon bald verließ sie, mangels Fachkenntnissen, der Mut. Über Ebay boten sie das auseinandergenommene Fahrzeug in Einzelteilen an. Da schlug die Stunde des Kurt Serbitzer.

„Ein Anruf genügte. Ich bin sofort nach Bremerhaven gefahren. Das Fahrzeug war zwar völlig zerlegt, aber in Kästen und Kartons war Gott sei Dank noch alles vorhanden“, freut er sich noch heute. Wieder begann eine eineinhalbjährige Bau- und Lackierzeit, aber dann stand auch dieses Auto, wie neu aus dem Laden, vor dem Haus.

Nach dem Krieg waren die kleinen Drei-Tonner von Borgward wegen der geringen Betriebskosten sehr beliebt. Aber auch die retteten Borgward nicht vor dem Ruin.

In den 50er-Jahren waren die Kleintransporter von DKW (vorn) und Tempo (hinten) im deutschen Stadtbild sehr häufig anzutreffen. Die meisten Exemplare landeten auf dem Schrottplatz. Nur wenige haben überlebt.

Da die Fahrzeuge bis dahin alle sehr klein und eng waren, suchte er nun nach einem etwas Größerem und das fand er in einem Mercedes Unimog (Abkürzung für: Universal-Motorgerät), einem Allzweckfahrzeug, insbesondere für die Land- und Fortwirtschaft. „Der Tipp kam von einem Unimog-Besitzer in Hennef“, erzählt Kurt Serbitzer und der schwor Stein und Bein, dass er in der Schweiz mehrere Militär-Unimogs gesehen hätte, die dort in einem alten Kuhstall stünden, alle in tadellosem Zustand. Darauf musste ich mich verlassen können, denn sonst hätte sich eine Fahrt in die Schweiz gar nicht gelohnt.“

Aber er wurde nicht enttäuscht: Er brachte einen 2010er Unimog, Baujahr 1951, mit Vier-Zylinder Dieselmotor, 1800 ccm und 25 PS nach Hause. Das Fahrzeug war beim Schweizer Militär nur 19000 km gelaufen. Wenn er mit diesem Fahrzeug zu Oldtimer-Veranstaltungen fährt, hängt er häufig eine tschechische Gulaschkanone an, die er in der Zwischenzeit auch wieder flott gemacht hat. „Das Unimog-Fieber hatte mich gepackt“, erzählt er, „und da ich nun

in dieser Szene bekannt war, erhielt ich immer wieder außergewöhnliche Angebote."
Der Junior-Chef eines Automobilhauses in Overath wusste beispielsweise, dass in der Hammermühle ein altes Abschleppfahrzeug auf der Basis eines Unimog stand, das sie selbst früher als Abschleppfahrzeug eingesetzt hatten. Es war ein geschlossener 401er, der den Spitznamen „Froschauge" hat. „Der Transport und besonders das Abladen entwickelten sich dann aber zum Drama", erzählt Kurt Serbitzer und schüttelt heute noch mit dem Kopf. „Weil sich an dem Fahrzeug nichts mehr bewegte, alles war eingerostet und nicht einmal die Räder drehten sich. Der Unimog wurde zwar mit Hilfsmitteln aller Art auf einen Lkw geladen und auch das klappte nur mit Ach und Krach. Aber wie sollte ich den zu Hause wieder abladen? Wir machten mit Öl und Seife aus der Lkw-Pritsche und den Abfahrbohlen eine glitschige Rutschbahn und ließen den Unimog dann herunterrutschen. Dabei hätte sich das Fahrzeug beinahe noch überschlagen." Es ging dann aber doch noch gut, meint Kurt Serbitzer gelassen und auch

Einer der ersten Mercedes-Diesel, eine Luxuskarosse in den Kinderschuhen: der 170 D von 1950. Charakteristisch war das harte Hämmern des Dieselmotors, der eigentlich für die Landwirtschaft gebaut wurde.

dieses Fahrzeug läuft längst wieder wie ein „Dilldöppchen."

Inzwischen hat er noch einen Unimog 406 Doka = Doppelkabine als Viersitzer. Mit seinen 5,6 l Hubraum und 85 PS war er als Flughafenschlepper eingesetzt worden: Er hatte die schwereren Hercules- und Transall-Frachtflugzeuge der Bundeswehr über das Flugfeld ziehen müssen.
Besonderheit: Das Hydroschaltgetriebe hat einen Schlüssel, mit dem man die Gänge 3 bis 6 sperrte, damit die jungen Soldaten nur im 1. und 2. Gang, also nicht zu schnell, fahren konnten.

„Irgendwann habe ich überlegt", erzählt Kurt Serbitzer, „wie ich denn mehrere Fahrzeuge zu Oldtimer-Treffen mitnehmen könnte, denn meine Frau und ich konnten ja nur je ein Fahrzeug steuern. Wenn ich einen Lkw hätte, könnte ich einen Oldtimer auf den Lkw laden und auf einem Anhänger noch einen. Wäre der Lkw dann auch noch ein Oldtimer, hätte ich drei Fliegen mit einer Klappe geschlagen, d. h. ich könnte allein mit drei Oldtimern losfahren."

Erneut begann die Suche und an einer Pinnwand auf der Oldtimer-Messe Bremen-Classic wurde er fündig. Dort war ein Borgward-Lkw angeschlagen, inkl. Fotos, ein 3,5-Tonner Diesel, von 1953, mit 3,3 l Hubraum und 60 PS.
Ein Telefonanruf ergab schnell, dass das Fahrzeug in Oberwiesenthal im Erzgebirge stand.

„Aber diesmal hatte ich zur festgesetzten Zeit eine Spedition aus Oberwiesenthal dorthin bestellt. Die sollte sofort mit dem Aufladen beginnen,

Durchdacht: Das in die Heckklappe integrierte und vornehm abgedeckte Reserverad ließ mehr Platz im Kofferaum.

Ein Überbleibsel aus der Vorkriegszeit: die zweiteilige Motorabdeckung am Mercedes 170 D, auch „Schmetterlingshaube" genannt, weil sie sich wie die Insektenflügel aufklappte.

sobald ich mit dem Verkäufer handelseinig geworden wäre. Kaufen wollte ich das Fahrzeug auf jeden Fall, um meine Borgward-Familie weiter zu komplettieren."

Schließlich kam dem Tüchtigen noch der Zufall zur Hilfe. Aus den Papieren ging hervor, dass das Fahrzeug in den 60er-Jahren für ein Allgäuer Brauhaus gelaufen war. Ein Anruf in Kempten ergab, dass man dort noch das Original-Logo aus den 60er-Jahren hatte.
Wenig später prangte dieses auf den Türen des in den Brauhaus-Originalfarben lackierten Klein-Lkw. Die Brauerei schickte ihm sogar noch eine passende Lederschürze und -mütze dazu. Auf unsere Bemerkung, dass dann ja nur noch die passenden Bierfässer fehlten, meint Kurt Serbitzer lakonisch: „Nee, die würden ja leer immer runter rollen und außerdem könnte ich ja dann keine Oldtimer mehr transportieren."

Einige Jahre später wurde im Internet ein Mercedes-Pkw, ein 170 V-Diesel von 1950, in Holland angeboten. Da er diesen Motor durch

Das weiße Lenkrad und gut ablesbare große Rundinstrumente waren auch damals schon typisch für den Luxus bei Mercedes.

seine Unimog, in die teilweise der gleiche Motortyp eingebaut war, genau kannte, war das Fahrzeug für ihn von Interesse. Und warum sollte es nicht auch mal ein Pkw-Oldtimer sein?
An einem nasskalten Herbst-Sonntag startete er mit seiner Frau und Pkw-Anhänger in Richtung Rotterdam. Man war in einem Industrie-Gebiet auf einem freien Platz, in der Nähe einiger Hallen verabredet. Es dunkelte bereits und auf dem Platz und an den Hallen war keine Menschenseele zu sehen. Es dunkelte immer mehr, die verabredete Zeit war bald überschritten. Den beiden wurde es doch etwas mulmig. Frau Karin drängte auf die Rückfahrt und in diesem Moment sah Kurt Serbitzer im Rückspiegel einen wie aus dem Nichts auftauchenden, Zwei-Meter-Mann heranschlendern. „Er war eigenartig bekleidet und hatte eine Wollmütze tief in die Stirn gezogen", erzählte Kurt Serbitzer, „wahrlich kein vertrauenserweckender Anblick. Der Mann klopfte an die Seitenscheibe und ich überlegte, ob ich die Scheibe überhaupt runterlassen sollte. Aber dann zog der Mann ein Foto aus der Seitentasche seines Anoraks und drückte es gegen die Scheibe: Es war der Mercedes 170 V, dessen Foto ich bereits im Internet gesehen hatte." In einer dieser Hallen stand er nun und die Besichtigung fand im Licht einer Taschenlampe statt, das Hallenlicht brachte nicht mehr als eine Funzel. Aber der Wagen war in einem besseren Zustand, als Kurt Serbitzer gedacht hatte und der Verkäufer ließ sich im Preis sogar noch herunterhandeln.

Auf unsere Frage, ob bei so vielen Fahrzeugen denn jetzt Schluss sei mit dem Sammeln, lächelt Kurt Serbitzer nur spitzbübisch: „Ma wesset jo nit ..."

Das charakteristische Mercedes-Gesicht der 50er-Jahre: die aufgesetzten großen Scheinwerfer, „Glupschaugen" genannt, und der Hochkühler.

Der Lustkiller im Schlafzimmer

Die regionale und bundesweite Oldtimerszene hat in den letzten zwei Jahren um jeweils rund zehn Prozent zugelegt. Das Interesse an diesem Hobby ist also weiterhin sehr groß. Die Erlangung des H-Kennzeichens, wobei das H für „Historisch" steht, ist trotz zusätzlicher TÜV-Abnahme Ziel vieler Sammler, denn das wertet die alten Schätze auf und ist in Verbindung mit einem Wertgutachten auch ein gutes Verkaufsargument.

Ich wurde diesmal in Kürten-Dürscheid fündig. Hier lebt und bastelt Rainer Teller an seinen Schätzen, die so unterschiedlich sind, dass man kein Sammelsystem erkennt. „Das

Ob Sanddünen oder Schneewehen: Der VW Kübelwagen mit seinen 1 130 ccm und nur 24 PS setzte sich überall durch.

Robust und praktisch: der Innenraum und die kleine Ladefläche des Kübel. Später tat er seinen Dienst in der Land- und Forstwirtschaft.

„Gestatten, ich bin der Urahn des Goliath aus der Vorkriegszeit.“ Immerhin hatte dieses Vehikel bereits eine Vier-Gang-Knüppelschaltung und eine Dyna-Startanlage, aber keinen Tacho.

Im Goliath-Dreirad geht es sehr eng zu: Der Fahrer, hier der Besitzer Rainer Teller, sitzt auf dem abgedeckten Motor. Das Aggregat hat nur 200 ccm und 6,5 PS und erreicht eine Spitzengeschwindigkeit von 38 km/h.

ist auch nicht nötig“, meint der ehemalige Malermeister in Rente, „man verliebt sich in irgendein Modell, weil es selten oder mit Erinnerungen verbunden ist, manchmal auch, weil man es günstig erwerben kann. Natürlich möchte man dann auch die eigenen Fähigkeiten bei der Restauration testen.“

Begonnen hat das alles schon 1970. Da liebäugelte er in Limburg an der Lahn jahrelang mit einem VW-Kübelwagen, der aus dem Rommelfeldzug in Nordafrika stammte. Der Besitzer, ein Jagdpächter, wollte ihn aber nicht verkaufen. Dann aber überraschte ihn ein Freund, der von diesem Vorhaben wusste, mit der Aussage: „Du, ich hab den Kübel gekauft.“ Nun war der Kübelwagen zwar in der Nähe, aber er gehörte ihm nicht. „Gott sei Dank verlor der Freund angesichts der anstehenden Reparaturen aber schnell das Interesse und verkaufte ihn mir“, schmunzelt Rainer Teller.

Der VW-Kübelwagen wurde im letzten Weltkrieg von Afrika bis Russland eingesetzt und später als Transportfahrzeug benutzt. Das Exemplar von Teller mit dem Baujahr 1943 war nach dem Krieg bei einem Bauern vor den Besatzungsmächten versteckt worden. 1952 wurde der Kübel in Kassel erstmals wieder zugelassen und tat dann als Forstfahrzeug im großen Habichtswald seinen Dienst. Der Kübelwagen war damals mit dem Original VW-Motor ausgerüstet, der nur 1 130 ccm und 24 PS hatte, aber er war robust und zuverlässig.

„Originalersatzteile habe ich mir aus Tschechien geholt, da gab es die massenhaft", erzählt Rainer Teller, „ich hab' mir stets überlegt, wie die wohl dahin gekommen sind." Zoll hat er auch für größere Mengen Ersatzteile nie gezahlt, „aber da wechselte schon mal eine Flasche Krimsekt den Besitzer".

Und dann kam der nächste Streich. Bei einer Tour an die Loire entdeckte er aus dem Fenster das Wrack eines Kleintransporters. Was er noch nicht wusste, war, dass dieses Modell ein Citroën C 4 von 1930, der erste große Wurf des Ingenieurs André Citroën im Nutzfahrzeugbereich war, und 220 000-mal gebaut worden war. Für die damalige Zeit eine schier unglaubliche Zahl, ein echtes Massenfabrikat.
Immerhin hatte der 1 767 ccm-Viertaktmotor schon 32 PS. 1978 kaufte Rainer Teller den Schrotthaufen und ließ ihn von zwei Französisch spre-

Großer Wurf: der Citroën C 4 von 1930 war ein Kleintransporter, der sich verkaufte wie geschnitten Brot – 220 000-mal wurde er ausgeliefert.

Der zog den Hering vom Teller: Der für die 1930er-Jahre moderne Viertakt-Motor hatte 1 767 ccm, aber schon 32 PS und war damit ein echtes Kraftpaket.

chenden Studenten nach Köln holen. Aber dann begann eine Odyssee von über 30 Jahren bis zur Fertigstellung. Der Beruf ließ ihm kaum Zeit. Ersatzteile waren nicht zu bekommen und mussten vielfach eigens angefertigt werden. Als der Wagen dann endlich fertig war, kam aber auch noch ein großes Pech hinzu.

„Heute kann ich ja darüber lachen, aber damals wollte ich alles hinwerfen“, erzählt er. „Ich hatte mir in der Garage eine Hebebühne installiert. Da das Garagendach ziemlich hoch war, fuhr ich den Citroën immer mit der Hebebühne hoch, um darunter zu arbeiten. Eines Tages fuhr ich die Bühne versehentlich zu hoch, das Dach des Citroën knallte gegen die Dachbalken und wurde total eingedrückt. Damit konnte ich die Arbeit teilweise noch mal von vorn anfangen ...“

1977 fuhr Rainer Teller mit dem Zug nach Koblenz und sah im Vorbeifahren auf dem Gelände eines Schrottplatzes ein altes Dreirad stehen. „‚An der nächsten Station aussteigen und zurückfahren!‘ war sofort mein Gedanke“, erzählt er. Das tat er dann auch. Am Wrack stellte er dann fest: Es handelte sich um ein Goliath-Dreirad der frühen Generation von 1937. Da kamen Erinnerungen hoch. „Mit einem solchen Dreirad, allerdings aus den 1950er-Jahren, durfte ich als Junge immer auf der Ladefläche unseres Gemüsehändlers mitfah-

Das „Zündapp-Einheitsmodell-Motorrad" von 1926 war für seine vier Pferdestärken mit 70 km/h ziemlich flott.

ren", erinnerte er sich, „und da war es um mich geschehen. Ich habe das Dreirad sofort gekauft."

Aus steuerlichen Gründen hatten die Goliath-Dreiräder der Vorkriegszeit nur einen 200-ccm-Zweitaktmotor mit einer Leistung von ganzen 6,5 PS und einer Höchstgeschwindigkeit von 38 km/h. Der luftgekühlte Motor war unter dem Fahrersitz verbaut, die Kraft wurde über eine Kardanwelle auf die Hinterräder übertragen. Aber damals schon hatte dieses Vehikel eine Viergang-Knüppelschaltung und eine Dyna-Startanlage. Da das Fahrzeug aber keinen Tacho oder „Wegstreckenzähler" besaß, wie er damals genannt wurde, war eine Ausnahmegenehmigung zu beantragen, um damit überhaupt fahren zu dürfen.

Besonders Fahrzeuge, die vor dem Krieg gebaut wurden, hatten es Rainer Teller angetan und so kam er auch in den Besitz eines Zündapp-Einheitsmodell-Motorrades von 1926. Diese Maschine der früher sehr bekannten Marke Zündapp aus Nürnberg hatte einen 249-ccm-Zweitaktmotor mit Tropfölschmierung und 4 PS Leistung. Sie lief schon 70 km/h, was für die 1920er-Jahre sehr schnell war.

„Auch diese Maschine hat eine wunderbare Historie", erzählt Rainer Teller verschmitzt, „denn das Motorrad war während des Krieges vom Besitzer im Schlafzimmer einer Wohnung in der Kölner Weidengasse versteckt worden. Als der Besitzer 1947 aus der Gefangenschaft kam, machte er sie noch im Schlafzimmer fahrfertig. Als klar war, dass die Ehe nicht klappte, verließ er die Wohnung nach 14 Tagen auf Nimmerwiedersehen. Der Ehefrau überließ er das Motorrad im Schlafzimmer. Dort stand es dann bis in die 1970er-Jahre.
Wiederentdeckt wurde es erst bei einer Renovierung. Über einen Freund war das Motorrad in die Eifel zur

Erforderte Aufmerksamkeit beim Tanken: Die Einfüllstutzen für Öl und Benzin waren nebeneinander angeordnet, rechts das Schauglas für den Ölstand.

Dahlemer Binz gelangt und in einem Wochenendhaus abgestellt worden. Eigentlich stand die Maschine aber immer im Weg."

Da schlug Rainer Teller dem Freund vor: „Ich renoviere dir die beiden Zimmer deines Wochenendhauses und dafür bekomme ich als Lohn das Motorrad."
So geschah es und als ein älterer Mechaniker, der die Technik noch kannte, diese wieder in Ordnung gebracht hatte, war das Motorrad nicht nur wieder fahrfertig, sondern kam sogar durch den TÜV.

Teller interessiert sich nicht nur für große Autos, sondern er sammelt auch die kleinsten. Heute besitzt er zusätzlich eine Sammlung von 25 Kinder-Tretautos aus Blech. Und noch eine andere Sammlung füllt seine Regale und Schränke: weit über 2000 Motorfachzeitschriften und Prospekten aus den 1930er-Jahren bis 1958. Auch ich fand dort Originalprospekte von Fahrzeugen aus 1951/52, die ich für meine Arbeit dringend benötigte.

Ach ja, wenn man an schönen Sommertagen im Bergischen Land einen Menschen auf einem gepflegten, alten Moped mit Riemenantrieb der Marke Rex fahren sieht, der bergauf dann zusätzlich strampelt, ja dann könnte das Rainer Teller sein, denn von solchen alten Mopeds hat er auch einige.

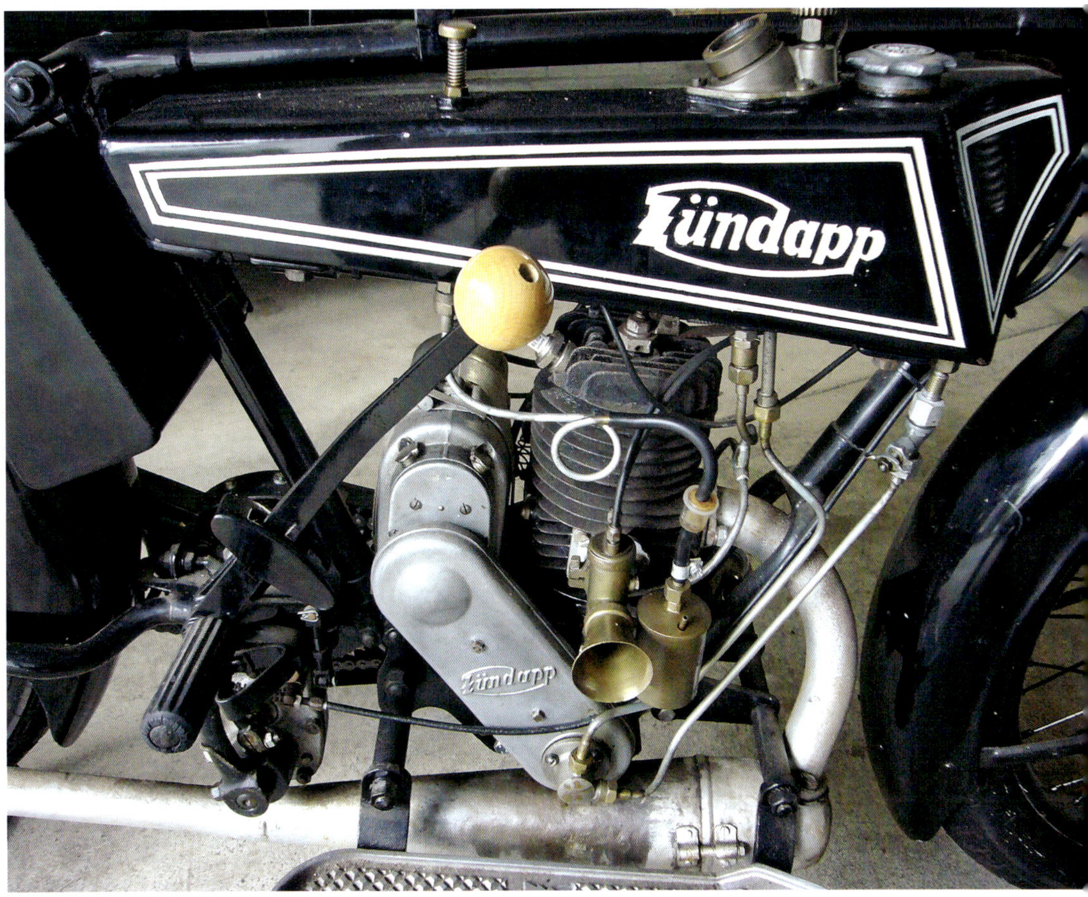

Die Zündapp mit frei stehendem Schaltknüppel. Der Schaltvorgang war nicht ungefährlich, weil sich der Fahrer dabei leicht hinunterbeugen musste.

Frosch im Radio

Jörg Wagner sammelt nicht nur Autoradios, sondern hat auch ein Herz für Rundfunkempfänger in allen erdenklichen Ausführungen.

Der Oldtimer-Boom der vergangenen 30 Jahre hat so manchen glücklicherweise auf die Idee gebracht, sich auch intensiv mit Ersatzteilen und Zubehör zu beschäftigen. Einige haben daraus sogar eine eigene Geschäftsidee entwickelt: Es gibt mittlerweile Spezialisten für Reifen, für Chromteile, für Lampen, für Felgen und vieles mehr.

Jörg Wagner aus Leverkusen spezialisierte sich auf Oldtimer-Radios und ist heute weltweit in der Szene als „Mister Oldie-Sound" bekannt. Tausende alter Autoradios, teilweise noch original verpackt, füllen viele Meter Regalwände. Voller Stolz erläutert er, dass er zwischenzeitlich die gesamte europäische Auto-Modellpalette der 50er- bis 80er-Jahre und viele Modelle der Vorkriegszeit abdecken kann. Das sichert ihm ein weltweites Interesse. Insbesondere Sammler aus den USA, England und den arabischen Ländern wenden sich an ihn, wenn sie für ihren Oldtimer das exakt passende Radio suchen.

„Auf die Idee bin ich Anfang der 80er-Jahre gekommen", erzählt der 60-Jährige gelernte Gastronom schmunzelnd. „Ich hatte gerade die kleine BMW Isetta, die Knutschkugel und einen Messerschmitt-Kabinenroller aufgebaut. Mir fehlten nach Abschluss der Arbeiten nur noch die Radios. Freunde und Stammgäste meines Lokals schleppten mir auf meine Bitte dann alle alten Radios an, die sie in Garagen und Kellern herumliegen hatten, aber leider waren keine passenden für meine Fahrzeuge dabei.

Ich inserierte in der einzigen, damals schon erscheinenden Oldtimer-Fachzeitschrift und siehe da – ich wurde belohnt und hatte schon kurze Zeit später die gewünschten Radios. Da kam mir die Idee, die Empfänger meiner Freunde und Bekannten auf dem gleichen Weg an den Mann zu bringen. Ich hatte handwerkliches Geschick, prüfte sie auf Funktionstüchtigkeit, katalogisierte sie und stellte fest, zu welchem Fahrzeugtyp und Baujahr sie gehörten. Dank der guten Vorarbeit konnte ich sie alle problemlos in kürzester Zeit verkaufen. Dieser Versuch“, lächelt Jörg Wagner in Erinnerung vor sich hin, „war dann meine Geschäftsidee.“

Bereits einige Zeit später beschäftigte er einen gelernten Radiomechaniker und reparierte auch defekte Auto-Radios. „Das führte manchmal zu kuriosen Situationen“, erzählt Jörg Wagner, „denn man wusste ja nie, wie und an welchem Ort die Radios und die dazugehörigen Autos die Zeit überstanden hatten. Da fanden wir mal einen vertrockneten Frosch in einem Radio, das nicht mehr lief. Als wir den Frosch entfernt hatten, funktionierte das Gerät wieder – ohne weitere Reparatur. Man kennt ja leider auch nicht immer die handwerkliche Fähigkeit derer, die das Gerät vor Ort einbauen. Deshalb hatten wir mal einen längeren Postverkehr mit Kuwait“, schmunzelt Jörg Wagner. „Wir lieferten ein passendes Radio zu einem aufwändig restaurierten Rolls-Royce nach Kuwait. Einige Tage später hatten wir es wieder auf dem Tisch, mit der Bemerkung: Es funktioniere nicht. Eine Überprüfung ergab: Das Gerät war einwandfrei! Also wieder retour! So ging das viermal hin und her und die Flugfrachtkosten waren bald so teuer wie das gesamte Radio. Da schrieb ich eine Ursachenliste, woran

Sehr modern in den 50er-Jahren, heute begehrtes Retro-Design: die elfenbeinfarbenen Knöpfe und Drucktasten.

Alles Originale: Zig Autoradios aus den 50er- bis 80er-Jahren warten auf ihre Renaissance in klassischen Fahrzeugen.

es denn sonst liegen könne, dass das Radio nicht lief. Wenige Tage später erhielt ich einen kleinlauten Entschuldigungsbrief: Man hatte vergessen, die Lautsprecher in den Türen zu kontrollieren und deren Membranen waren durch die lange Standzeit total zerbröselt."

„Und dann war da noch der Kunde mit dem riechenden Radio", erzählt Jörg Wagner: „Ihm hatten wir in seinen alten VW Käfer ein altes, aber flammneues Radio eingebaut. Es funktionierte prächtig, alles war in Ordnung. Zwei Wochen später stand der Mann mit seinem VW Käfer wieder auf dem Hof und erklärte mir, immer wenn das Radio einige Zeit gelaufen sei, würde es undefinierbar riechen. Aber nicht nach verbrannten Kabeln, sondern ganz anders. Wir bauten das Gerät aus, nichts war zu sehen, aber es roch tatsächlich eigenartig. Plötzlich kam mir die Erleuchtung. Ich kroch nochmals unter die vordere Haube und kontrollierte alle hinter dem Armaturenbrett, über das Radio verlaufenden Leitungen. Dann forderte ich den Besitzer auf, den Druckknopf für die Scheibenwaschanlage zu betätigen. Genau über dem Radio hatte der Schlauch von der Scheibenwaschanlage zu den Spritz-

Mit Feingefühl und Lötkolben: Jörg Wagner kümmert sich um jedes einzelne Gerät.

Ob edles Leder ...

... oder Wurzelholz: Jörg Wagner hat für jede Innenausstattung das passende Radio.

düsen ein kleines Leck und das mit Glysantin vermischte Wasser tröpfelte, immer wenn die Scheibenwaschanlage bedient wurde, in das Radio. Wurde dieses nun warm, verdampfte das Wasser und die Glysantin-Beimischung roch erheblich. Nach Austausch des Schlauches und Reinigung des Radios war dann wieder alles in Ordnung – aber das war mein erstes riechendes Radio.“

Früher war Jörg Wagner auf allen Oldtimer-Messen und auf vielen Veranstaltungen präsent, heute wickelt er vieles über das Internet und über Ebay ab: „Das hat aber auch Nachteile, denn man sieht den Fotos natürlich nicht an, wie das Innenleben der Geräte beschaffen ist“, erläutert er. „Ich habe schon so manchen Schrott wieder zurückschicken müssen. Und der Spaß hört dann auf, wenn ich 50 oder 60 Geräte kaufen soll, von denen ich nur zwei gebrauchen kann.“ Die größte Freude hat er daran, ganz außergewöhnliche Wünsche erfüllen zu können. So fand er jüngst noch ein Philips-Vorkriegsradio für einen Sammler aus Prag mit einem tschechischen Tatra von 1937. Dieser hat sich bei „Mister Oldie-Sound“ aus Leverkusen überschwänglich bedankt. Einmal mehr wurde deutlich: In dieser Branche spielt die Musik ganz eindeutig in Leverkusen. Und zwar aus ganz hervorragenden Oldie-Radios.

Einradkalle und das Transportwunder

Anfang der 1950er-Jahre: Das Wirtschaftswunder begann. Deutschland motorisierte sich wieder, zunächst mit Kleinkraft-Motorrädern, aber schon bald musste es schon ein Dach über dem Kopf sein. Die Welle der Kleinst- und Kleinwagen begann zu rollen.

Ob 500er Fiat, 125er Kleinschnittger, 250er Fulda- und 400er Gogomobil, ob Messerschmidt-Kabinenroller, die liebevoll als „Knutschkugel" benannte BMW Isetta oder der erste VW: Alles, was zwei, drei oder vier Räder hatte rollte und rollte und rollte ... Im Urlaub meist Richtung „bella Italia".

Mit viel Sorgfalt und Liebe zum Detail hat Karlheinz Flach echte Erlebniswelten rund um die Einradanhänger aufgebaut. Seine Ausstellung wurde sogar prämiert. Der durchsichtige Tisch ist übrigens ein Einradanhänger, der auch als Verkaufstheke diente.

Solche Fahrten sollte natürlich die gesamte Familie miterleben, aber selbst die passte schon kaum in die kleinen Autos. Wohin dann mit dem ganzen Urlaubsgepäck? Die Lösung kam mit dem Einradanhänger. Seine Beliebtheit basierte auf der Tatsache, dass er mit einem Gesamtgewicht von bis zu 150 Kilogramm nicht als selbstständiges Fahrzeug versteuert werden musste. Außerdem gehörte der Einrad-Anhänger, sobald er angekuppelt war, zum Fahrzeug und war mit diesem versichert. Eine enorme Ersparnis für die damalige Zeit, in der solch ein Anhänger mit 500 bis 900 Mark Kosten schon ein schönes Loch in die Haushaltskasse riss.

Jemand, der sich mit diesen heute völlig ungewöhnlichen Anhängern bestens auskennt, ist Karlheinz Flach. Der Kfz-Mechaniker aus dem Leichlinger Ortsteil Kradenpuhl machte 1982 gerade seine Lehre, als ein Kollege den Einradanhänger geradezu in sein Leben rollte. „Karlheinz", meinte der Kollege damals, „ich habe da so einen kleinen Anhänger mit nur ei-

Camping-Idylle: Die Stühle sind mit dem Tisch verbunden, für den Transport werden sie einfach wieder eingeklappt – fertig ist der Einradanhänger.

nem Rad, willst du den haben?" Karlheinz Flach reagierte verdutzt: „Das höre ich zum ersten Mal. Ein Anhänger mit nur einem Rad, das gibt's doch gar nicht, der kippt doch um!" „Na wart's ab, ich bring den mal mit", meinte der Kollege und zog anderntags an der Anhängerkupplung seines alten Mercedes tatsächlich einen lila lackierten Einradanhänger hinter sich her.

„Es war Liebe auf den ersten Blick", gesteht Karlheinz Flach. „Nach wenigen Minuten Verhandlung gehörte der Anhänger für 150 Mark mir! Dabei ging mir natürlich durch den Kopf, dass dieser ulkige Anhänger, Baujahr 1967, hervorragend zu meinem alten VW Käfer von 1962 passte."

Nun hatte er zwar den Einradanhänger, aber niemand kannte die Geschichte des urigen Stücks. Karlheinz Flachs Sammlerinstinkt erwachte. Jetzt wollte er mehr wissen: Woher kam der Anhänger, wer hatte ihn gebaut, wer hatte ihn besessen, wo gab es Unterlagen?

Erste positive Nachricht: Der Anhänger war TÜV-zugelassen. Ein Vorbesitzer hatte bei TÜV Rheinland in Wuppertal eine Betriebserlaubnis erstellen lassen. Unbefriedigender verlief eine Anfrage bei der TV-Sendung „Gesucht – Gefunden": Die Bitte des Leichlingers, ihm Material über Einradanhänger zuzusenden, wurde zwar ausführlich beantwortet, aber alles drehte sich um Anhänger für Zweiräder. Die hatten da etwas

Amphibien-Konstruktion: Dieses Segelboot ist sein eigener Einradanhänger. Ob jemand damit schon gekentert ist, ist nicht überliefert.

Multifunktional: In die Halterung des Einrads kommt das Steuerruder des Segelbootes, zum Segeln werden beide Hälften fest miteinander verschraubt. Zum Transport werden sie einfach übereinandergeklappt.

missverstanden. Schließlich erinnerte sich Karlheinz Flach an die Stapel alter Zeitschriften im Keller, die sein automobilbegeisterter Vater gesammelt hatte. Darin fand er tatsächlich Berichte und Werbeanzeigen für Einradanhänger. „Mein Herz machte einen Sprung, als ich die Werbung einer Firma Bauer & Flach aus Klein-Asbach entdeckte“, erzählt der Oldie-Freund, „die stellten damals solche Einradanhänger her. Schon das erste Telefongespräch mit dem Senior-Chef war ein voller Erfolg. Wenige Tage später erhielt ich ein dickes Paket, darin viele Unterlagen. Es war die komplette Akte mit Bauzeichnungen, Patentschriften, Käuferlisten und vieles mehr aus den 50er- und 60er-Jahren.“

Doch das war nicht alles, was ihm der betagte Namensvetter lieferte. „Da er auch noch die Unterlagen der gesamten Konkurrenz gesammelt hatte, war es um mich geschehen, die Sammelleidenschaft war nicht mehr zu zügeln.“ Inzwischen besitzt Karlheinz

Einradkalle ist viel unterwegs mit seiner Schau. Deshalb hat er eine Hebevorrichtung konstruiert, die es erlaubt, die Einradanhänger komfortabel in einen Trailer zu hieven. Natürlich hat auch der Trailer noch eine Zusatzfunktion: Leer dient er als kleines Kino.

Flach 26 Einradanhänger, in Ordnern exakt dokumentiert, fotografiert und beschrieben, zum Teil mit Originalprospekten und Werbefotos versehen, vielfach mit Namen und Anschriften früherer Besitzer. Heute ist der Leichlinger weltweit der wichtigste und bekannteste Sammler von Einradanhängern. Die historische Arbeit teilt er sich mit Aaron Hill, einem US-Sammler aus Kalifornien.

Karlheinz Flach sind zurzeit ca. 300 Einradanhänger aus 24 Ländern bekannt, darunter sogar 41 aus den Jahren 1938 bis 1940. Ein Archiv mit Gasgeneratoren hinter Pkw, Lkw und Omnibussen ergänzen die Historie ebenso wie Literatur und Fotos von Einradanhängern hinter Panzern. Drei solcher Originale mit Gasgeneratoren befinden sich in seinem Besitz.

Ein Kuriosum der Flach-Sammlung ist ein Einradanhänger, der sich zu einem Segelboot auseinanderklappen lässt. Dieses Modell gab es Anfang der 1964er-Jahre auch als Ruder- oder Motorboot. Acht Jahre hat Karlheinz Flach um dieses verwandelbare Segelboot gebuhlt, bis es ihm die Eigentümer aus Bremen samt noch vorhandenem Originalzubehör

Hochstapler: In diesen Einradanhänger geht schon eine ganze Menge Gepäck.

Kofferkuli: Für bestimmte Einradanhänger gab es extra designte Gepäcksets.

als „kulturelle Leihgabe" für seine Sammlung überließen. „Das war ein echter Vertrauensbeweis, darauf bin ich sehr stolz", sagt Karlheinz Flach, der die Rarität in einer Zeitschrift von 1964 entdeckte. Es ist das einzige bekannte Exemplar.

Der Einradanhänger-Spezialist erinnert sich noch gut an den Beginn seines Hobbys, das sich sehr bald zur historischen Forschungsarbeit entwickelte. „Als ich mit meinem ersten Anhänger hinter meinem alten VW Familienausflüge unternahm, hörten wir häufig erstaunte Kommentare. Die meisten Leute wussten nicht, dass rund 35 deutsche Firmen in den 50er- und 60er-Jahren Einradanhänger gebaut haben. Es war ein richtiger Boom, der aber mit größeren Kofferräumen an den Fahrzeugen sehr schnell verschwand", erläutert er. Das Wissen um Einradanhänger ist heute zwar nicht viel besser, aber es gibt eine Oldie-Szene mit Treffen, Messen und Ausstellungen, zu denen er seine Schätzchen gerne transportiert. Nicht mehr an der Anhängerkupplung, sondern mit einem Spezialtransporter, ausgerüstet mit einer schwenkbaren Hebevorrichtung, um die seltenen Gefährte zu schonen.
Ist der Transporter mal leer, wird er mit wenigen Handgriffen zu einem kleinen Kino umgebaut, in dem er Videos von Veranstaltungen, gemeinsamen Ausfahrten oder seinen beiden internationalen Einradanhänger-Treffen 2007 und 2012 in Leichlingen vorführen kann. Für besonders interessierte Besucher gibt

Die nützlichen Einachser waren bis weit in die 70er Jahre im Einsatz, wurden aber schließlich durch größere Kofferräume der Pkw verdrängt.

Für eine Vielzahl von Marken und Typen wurden auch spezielle Einradanhänger gebaut ...

es sogar Filmdokumente ab dem Jahr 1938. Diese weltweit einmalige Sammlung präsentiert Karlheinz Flach gemeinsam mit weiteren Oldtimerfreunden auf 300 Quadratmetern in liebevoll aufbereiteten Motto-Szenen und zeitgenössischer Dekoration.

2009 wurden er und das Team mit dem „Rollenden Einradanhänger-Museum" auf der Oldtimer-Messe „Klassikwelt Bodensee" mit einem Sonderpreis auf dem Gebiet „Oldtimer-Historie" ausgezeichnet.

Und das Lebenswerk geht weiter, obwohl die Suche nach neuer Literatur und Exemplaren der Suche nach der berühmten Nadel im Heuhaufen gleicht. „Aber ich habe in all den Jahren ja Glück gehabt", sagt er strahlend, „denn einige Nadelkissen konnte ich ja füllen."

... hier ein Einradanhänger in der passenden farblichen Ausführung zum Pkw.

Spezielle Anhängerkupplungen schafften die Verbindung vom Zugwagen zum Einradanhänger.

Der Kommissar und das wüste Federvieh

Der Schriftsteller Reiner M. Sowa auf Tournee: Seine Lieblings-Ente ist immer in Reichweite.

Hören normale Menschen das Wort „Ente“, denken sie natürlich sofort an das watschelnde und schnatternde Federvieh, mit meist gelbem Schnabel, an Entenbrust, an Ente in Orangensauce oder sogar an China-Ente. Wunderbare Genüsse, die auf der Zunge zergehen.

Hört ein Oldtimerfan aber das Wort „Ente“, schnalzt er auch mit der Zunge, aber nur, um das eingedeutschte, französische Wort „Döschewo“ genüsslich zwischen den Lippen spielen zu lassen. Gemeint ist dann aber nicht das schnatternde Federvieh, sondern ein französisches Oldtimer-Auto, das eigentlich Citroën 2 CV heißt. Noch zu seiner Bauzeit von 1948 bis 1990 wurde es zum Kultauto der alternativen-studentischen Szene und schloss auch gleich die Hippie-

Ist sie nicht hübsch? Kein Wunder, dass sich der Oldtimer-Freund gleich in sie verguckte ...

Bonjour liberté: Mit seiner Ente fährt der Literat natürlich auch nach Südfrankreich. Der leichte Wohnanhänger macht flexible Stippvisiten möglich.

Bestseller: Einer der Krimis von Reiner M. Sowa spielt in der Oldtimer-Szene. Im Mittelpunkt: ein Sahara-Enten-Sammler, der Opfer eines Verbrechens wird ... lesenswert!

generation mit ein. Und als die „sanfte Sänfte“ nicht mehr gebaut wurde, besannen sich Menschen aller Altersklassen auf diese Legende, auf diesen Genuss im Kleinen, auf diesen Minimalismus auf vier Rädern.

Denn so war der 2 CV auch gedacht, als er in den 1930er-Jahren sozusagen als das französische Volksauto und Pendant zum Deutschen VW entwickelt wurde. Der Auftrag des damaligen Citroën-Generaldirektors Pierre Boulanger lautete: „Ein simples Auto mit vier Sitzen unter einer Art Schirm zu konstruieren, mit dem auch Bauern ihre Eier heil zum Markt transportieren können.“

Spartanischer ging es kaum. Zuerst umhüllte noch Wellblech das Einfachmobil, das nach oben hin mit einem simplen Rolldach verschlossen wurde. Die Fenster konnte man nicht herunterkurbeln, sondern sie wurden hochgeklappt. Aber es gab vier Türen und einen Boxer-Motor mit zuerst nur 9 PS.

Und trotzdem wurde dieses Mini-mal-Auto, als es im Oktober 1948 auf dem Pariser Automobilsalon vorgestellt wurde, ein überragender Erfolg. 1958, also erst zehn Jahre später, wurde der Döschewo auch in Deutschland angeboten und erst 1960 wurde das Wellblech gegen

Eine echte Sahara-Ente im Schaufenster einer Buchhandlung, anlässlich einer Krimi-Lesung von Reiner M. Sowa.

Bei der Sahara-Ente befindet sich das Reserverad auf der Motorhaube; das fünfte Rad musste dem zweiten Motor weichen.

glattes Blech ersetzt. Später wurde die „Ente“ – niemand weiß so richtig, woher plötzlich dieser Name kam – in Deutschland häufiger verkauft als im Mutterland Frankreich.

Insgesamt aber wurden mehr als 3,2 Millionen 2 CV bis 1990 gebaut, darunter auch 649 der sogenannten „Sahara-Ente“, eine Allradversion mit zwei Motoren von 13 bis 16 PS, gedacht für Wüsten- und Expeditionsfahrten. Heute glänzen die Augen der Oldtimerfans schon beim bloßen Nennen des Namens „Sahara-Ente“.

Stolzer Besitzer von vier weiteren Exemplaren in verschiedenen Varianten ist der Krimi-Autor und Schriftsteller Reiner M. Sowa (54) aus Bergisch Gladbach.

Wie es dazu kam, schildert er selbst: „Sie hat mich verführt. Ich konnte wirklich nichts dafür. Das kann jedem passieren. Sie hat mich verführt. Am Straßenrand in Frankreich. Erst dachte ich: Hoffentlich merkt das meine Frau nicht. Wie man so als Mann denkt. Aber meine Frau saß damals auf dem Beifahrersitz und schien sie nicht bemerkt zu haben. Sie stand am Straßenrand, nett anzusehen, und ich ging automatisch vom Gas, um sie besser betrachten zu können. Ich kann Ihnen sagen, sie hatte tolle Kurven. Sie war rot, aber nicht dieses fussig-naturrot. Und ich habe mich gefragt, warum nur Französinnen so am Straßenrand stehen können. Fast wäre ich von der Fahrbahn abgekommen, wenn meine Frau nicht ins Lenkrad gegriffen hätte. „Hast du sie gesehen?“, habe ich meine Frau gefragt. Sie hat nur genickt. „Sie ist so schön“, sagte ich. „Hast du was dagegen, wenn ich sie mir näher anschaue?“ – „Wenn du unbedingt willst“, antwortete meine Frau.

Ich wendete den Wagen und fuhr zurück. Jetzt sah ich sie von hinten. Ihr Hinterteil war etwas flach, aber das fand ich nicht schlimm. „Was meinst du, wie alt sie ist?“, fragte ich meine Frau. Sie zuckte mit den Schultern. Ob sie schon zwanzig ist, dachte ich laut. Sie sah so frisch aus. Es gab keine Macken, zumindest nicht aus der Ferne.

Also parkte ich vor ihr und stieg aus. Ich ging um sie herum. Legte meine Hand behutsam auf ihre Kurven. Es fühlte sich gut an. Keine Orangenhaut. Meine Frau war im Wagen geblieben, so konnte ich sie in aller Ruhe betrachten. Verstehen Sie mich bitte nicht falsch, aber ich habe mich gebückt und hab mir ihr Fahrgestell angesehen. Das sah sehr stabil aus. Daran würde ich noch lange Freude haben. Da war ich mir ganz sicher. Sie stand hochbeinig auf Sohlen mit dickem Profil. Auch das gefiel mir.

Und dann, verzeihen Sie mir bitte, wenn ich das so offen sage: Ich habe

Vorder- und Heckansicht der Wüstenkönigin. Am Ventilator zwischen den Heckleuchten sollt ihr sie auch erkennen.

Doppelherz: Der zweite Motor ist ebenfalls ein Zwei-Zylinder-Boxer und wird samt Ventilator im Heck eingebaut.

mich unter sie gelegt. Auch da war alles in Ordnung. Keine Flüssigkeiten, die tropften. Sie war überall dicht. Ich stand wieder auf und klopfte mir den Staub von der Kleidung. Dann notierte ich mir ihre Handynummer ...“

Den Besitzer traf Sowa dann in der Nähe des Flughafens Montpellier, in einer dunklen Tiefgarage. Und da Reiner M. Sowa durch seine häufigen Frankreichaufenthalte sehr gut Französisch spricht, war die Verkaufsverhandlung schnell zur beiderseitigen Zufriedenheit abgeschlossen.

Nun besaß er eine Ente, eine 2 CV 6 Spezial von 1984, in strahlendem Rot. Die Rückfahrt von Montpellier war zugleich die Testfahrt mit der neuen Liebe. Ohne Zwischenfall erreichten beide Bergisch Gladbach.

Dieser erste Kauf sollte allerdings Folgen haben, denn Sowa hatte es voll erwischt. Wie das mit Verliebten so ist, sie sprechen von nichts anderem mehr. Bei Sowa verfolgte ihn die Passion bis in seine Krimis. Mit seinem Wissen um die wertvollen Sahara-Enten, eine Besonderheit mit zwei Motoren und Allradantrieb, konzipierte er seinen nächsten Krimi und gab ihm den Titel: „Ein Bestatter und das Enten-Testament.“

Der schlug in der Oldtimerszene wie eine Bombe ein, denn noch nie hatte es einen Krimi rund um Oldtimer gegeben. Das führte sogar dazu, dass

Zwischenstopp am Hafen: Auch mit der Acadiane ist Reiner M. Sowa schon weit gereist. Er hat noch große Pläne mit ihr ...

Das Runde muss ins Eckige: Die Scheinwerfer der Acadiane sind eingelassen in die Kotflügel.

Raumschiff Entenprise: Die Acadiane lässt sich auch für größere Camping-Touren prima einsetzen.

Reiner M. Sowa bei seinen Lesungen gebeten wurde, ein solches Fahrzeug mitzubringen.

2007 wurde er wieder fündig, diesmal im Sauerland. Dort hatte es ihm ein 2 CV 6 von 1988, diesmal in Weiß, angetan. Sein „Entenstall" sprich: seine Doppelgarage füllte sich langsam auch mit günstig erworbenen Ersatzteilen. Das moderne Familienauto bekam deshalb eine Laternengarage vor der Haustür.

Sowa hatte in Frankreich den 2 CV-Papst, Jacques Barcat, kennengelernt: einen Mann, der an den Enten wohl jede Feder, sprich Schraube, kennt und der in Frankreich gutbesuchte Schrauberkurse veranstaltet. An einem solchen einwöchigen Kurs nahm Sowa mit seinem 23-jährigen Sohn Ruben, der den Entenbazillus vom Vater geerbt hat, teil. Und auch der Filius besitzt bereits einen „Döschewo".

In der Zwischenzeit spielt Reiner M. Sowa für deutsche Entenbesitzer, die an einem Schrauberkurs bei Jacques Barcat an der Loire teilnehmen, schon mal den Dolmetscher.

Selbst ist der Mann: Reiner M. Sowa repariert seine Enten selbst. Das Know-how hat er sich in Schrauberkursen beim Entenpapst in Südfrankreich angeeignet.

Aber der Bazillus musste noch weiter gefüttert werden, denn außer einer weiteren Ente, aus dem letzten Baujahr 1990 und einem kleinen Wohnanhänger besitzt er jetzt auch noch eine Kasten-Ente, die sogenannte Acadiane, von 1985. Die hatte vorher 27 Jahre Dienst auf einem Weinchâteau in Pézenas, im Department Herault, getan.

Vor einiger Zeit baute er in den 2 CV 6 Spezial ein Bett ein und fuhr damit drei Wochen allein durch Südosteuropa. Um unterwegs keine Begehrlichkeiten bei Langfingern zu wecken, baute er alte und verrostete Türen und Motorhaube ein, in der Hoffnung, dass sich an einer solchen Rostlaube niemand vergreift. „Ich muss noch heute schmunzeln", erzählt er, „wenn ich daran denke, was Diebe für Gesichter gemacht hätten, zu wissen, in welch hervorragendem Zustand Motor und Fahrgestell, unter dem schrottigen, äußeren Zustand, zu finden waren."

Gibt es noch Wünsche oder Ziele? „Ja, wenn ich meinen nächsten bergischen Krimi fertig und unter Dach und Fach habe, baue ich die Acadiane zu einem Campmobil um und fahre damit 2014 drei Monate über die Seidenstraße nach China."

Zwischenzeitlich treffen sich bergische Entenbesitzer an jedem zweiten Freitag im Monat in der Gaststätte „Bauernschänke" – natürlich in Wipperfürth-Ente.

Wie funktioniert das Enten-Getriebe? Auch Frauen nehmen an den Schrauberkursen in Südfrankreich teil.

Zigarre mit Speed

Vorstellung des ersten Motul vor der Presse. In der MItte Konstrukteur Walter Löffelsender senior.

Man schrieb das Jahr 1963. In den USA wurde aus Original-VW-Teilen ein Klein-Monoposto gebastelt, und – was niemand vorausgesehen hatte: Er entfachte Begeisterungsstürme. Mit dem Segen der Sportbehörden entwuchs er dem Vorgarten-Dasein und fand Anerkennung als seriöses Sportinstrument zu günstigen Preisen. Angesteckt von so viel Begeisterung über das neue Sportgerät investierte Dr. Ferry Porsche knapp 100 000 DM und bekam dafür zehn Formel-V-Rennwagen, mit denen er Porsche-Rennleiter Huschke von Hanstein auf Vorstellungs-Tournee schickte.

Gerhard Mitter war der erste Europäer, der 1965 beim Eberbacher Bergrennen einen der frühen, aus den USA importierten Formel V-1200 auf einer Rennstrecke fuhr.

Den Siegeszug durch Europa trat die Formel V dann sehr schnell an. Es

In harten Kurvenkämpfen hatte der Motul seine flache Schnauze häufig vorn.

Auch bei Regen hatte der Motul ein fantastisches Fahrverhalten, hier bei einem Finale im belgischen Zolder.

lag an dem einfachen und effizienten Konzept, es fanden sich im Nu Konstrukteure und Produzenten. Die Nähe und Wurzeln zum Volkswagenwerk spielten auch eine Rolle. Die Sportabteilung und der nationale Motorsportverband legten ein fest umrissenes Reglement vor.

Überall in Europa versuchten Konstrukteure und geschickte Hände von Kfz-Meistern das Beste aus den Vorgaben zu machen, mit mehr oder weniger Erfolg. So auch im rheinischen Bensberg, unmittelbar hinter dem Schloss Bensberg, dem heutigen Grand Hotel.

Hier hatte in den 50er-Jahren Walter Löffelsender senior ein Autohaus gegründet. Zuerst handelte und betreute er englische Fahrzeuge, später Renault-Modelle. Durch Aktivitäten im Automobilclub ACBL kam er Mitte der 60er-Jahre zum Automobil-Rennsport, stieß hier im Club auf zwei Formel V-Fahrzeuge und bildete damit eine Sportabteilung im Automobilclub. Diese beiden Eigenbauten wurden mit viel Liebe von Grund auf neu aufgebaut, verbessert und bei Rennen durch den ACBL mit dem Rennleiter Walter Löffelsender eingesetzt.

Als die nun bildschönen Rennwagen nach zwei Jahren an ihre sportlichen Grenzen stießen, konstruierte Löffelsender mit seinen Leuten vom ACBL einen neuen Formel V 1300. Dieses erste selbst konstruierte und gebaute Modell wurde Motul getauft und Walter Löffelsender stellte seine Firma vom Autohaus auf Rennwagenbau um.

Dieser Motul wurde schon ein großer Erfolg und wegen seiner schlanken Form „Zigarre“ genannt. Das stabile Reglement der Formel V Europa ließ es zu, dass der Motul bis 1973 gebaut und gut verkauft werden konnte.

1969 startete der älteste Sohn, Walter Löffelsender junior, in der Werkstatt seines Vaters als Techniker seine Laufbahn. „Ich fühlte mich als Revoluzzer, hatte lange Haare und verstand erst gar nicht, dass mein Vater auf seinem Gebiet ein außergewöhnlicher und erfolgreicher Mann war“, erinnert er sich schmunzelnd. „Aber das ging mir doch schnell auf, nachdem ich mit den Autos meines Vaters fahren durfte und feststellen konnte, dass sie schneller und besser waren als die vieler seiner Konkurrenten.“

Sie verkauften Motul Formel V-Rennwagen in ganz Europa mit dem Schwerpunkt Benelux-Länder. Hier kümmerte sich der erfolgreiche Formel V-Fahrer Jaap Luijendijk um den Verkauf der Motul-Rennwagen. „Bei uns war richtig was los“, erzählt der Junior, „ganz besonders, als 1972/73

Walter Löffelsender junior in dem schon wieder verbesserten Rennwagen der 70er-Jahre. Motul war die Abkürzung von Motor-Tuning Löffelsender.

Walter Löffelsender junior in dem restaurierten Formel Super V bei historischen Schauläufen 2011 auf dem Hockenheimring.

die Reglement-Änderungen kamen. Es musste ein komplett neuer Motul Formel V konstruiert und vorgestellt werden. Wir waren die ersten, die den Formel V 1300 in der neuen Reglement-Auslegung 1973 in Hockenheim vorstellten. Unsere Karosserie wurde von dp Eckhard Zimmermann in sehr schönem Design gestaltet. Das Wichtigste waren natürlich Leistung und Fahrverhalten. Beides hatte mein Vater sehr gut hinbekommen. Von einem solchen Erfolg hatte auch er kaum zu träumen gewagt, denn nach der Vorstellung unseres neuen Modells auf dem Hockenheimring gingen bei uns über 30 Bestellungen ein und wir kamen mit dem Aufbau kaum noch nach."

Der Filius zeigte dem Vater aber auch, dass er sehr flott mit den eigenen Fahrzeugen unterwegs sein konnte. Er durfte schon 1972 als Ausweis-Fahrer sogar mit einem Kundenauto fahren. „Das war ein besonderer Vertrauensbeweis", so Walter Löffelsender junior. „Ich hatte mir fest vorgenommen, dieses Auto heil nach Hause zu bringen." Rennen zu fahren sei immer schon sein Traum gewesen. „Aber ich musste meinen Vater zuerst mit meiner Leistung in

Noch gut in Form: Auch mit 63 passt Walter Löffelsender junior noch prima in die Renn-Zigarre seines Vaters hinein.

der Werkstatt überzeugen, bevor er mich einmal ans Lenkrad ließ."

Bei Motul gaben sich einige, später sehr bekannte, Rennfahrer die Klinke in die Hand. Denn mit einem Motul Formel V hatten sie auf allen Rennpisten Europas zumeist die Nase vorn.

Das erfolgreichste Jahr und der Höhepunkt in der Motul-Geschichte war zweifelsfrei das Jahr 1973, als in Berlin Vater und Sohn Löffelsender quasi gemeinsam auf dem Treppchen standen. Der Senior gewann den ONS-Konstrukteurstitel, denn seine Fahrzeuge gewannen am häufigsten. Sie platzierten sich nicht weniger als sechsmal unter den ersten Zehn. Der Sohn wiederum holte sich als erfolgreichster Fahrer den ONS-Pokal der Saison 1973.

„Wir haben es damals selbst kaum geglaubt", sagt der Sohn heute, „eigentlich war es zu viel auf einmal." Dann fällt ihm plötzlich noch ein: „Übrigens ist von der damaligen Siegesfeier bis heute noch etwas übrig geblieben – ich habe als Preis kein Geld bekommen, sondern einen flammneuen VW Jeans Käfer. Der fährt heute, nach 37 Jahren, noch immer in Familienhänden, und im Kraftfahrzeugbrief steht nur ein Name – unserer."

Aber dann schlug das Schicksal hart zu: Vater Walter Löffelsender, der

Als erfolgreichster Fahrer der ONS-Saison 1973 gewann Walter Löffelsender junior einen VW Jeans Käfer, den die Familie bis heute fährt.

nicht nur ein erfolgreicher Rennwagenbauer, sondern auch einer der Mitbegründer des ACBL war, verstarb 1974 mit erst 46 Jahren an einer schweren Erkrankung. Plötzlich stand der Junior allein da.

Er hatte es sich zur Aufgabe gemacht, das Erbe seines Vaters tatkräftig fortzusetzen, aber das sollte ihm durch äußere Bedingungen verwehrt bleiben.

Zwar starteten 1974 insgesamt 25 Motul-Rennwagen bei internationalen Rennen insgesamt 734-mal, zwar fuhr der Holländer Michael Bleekemolen auf einem Motul Rundenrekord in Silverstone, und es standen in der Ergebnisliste der ersten deutschen Meisterschaft 1974 wieder fünf Motul-Fahrer unter den ersten zehn. Aber Schicksal und Zeit entschieden anders.

Geizt nicht mit Reizen: Der Super V von hinten, mit bulligem Motor und „Slicks", den profillosen Rennreifen.

Wegen der Benzinkrise und der allgemeinen Hysterie gegenüber dem Auto wurden autofreie Tage eingeführt, Motorsportveranstaltungen abgesagt oder sogar Strecken völlig gesperrt.

Auch bei Motul brach der Auftragseingang rapide zusammen. Die verunsicherten Motorsportler wussten nicht, ob es denn im nächsten Jahr noch Rennen geben würde und stornierten vorsichtshalber das gerade bestellte Fahrzeug.

Das Hilfsangebot eines Motorsport-Vorsitzenden, das Unternehmen zu retten, stellte sich bald als feindliche Übernahme heraus. Alle Fahrzeuge wurden in einer Nacht- und Nebelaktion abgeholt, und der junge Walter Löffelsender wurde dabei noch kräftig über den Tisch gezogen. Der Rennwagenbau wurde nach Lennep verlegt und in Orion umbenannt. Unter diesem Namen wurden noch ganze vier Fahrzeuge gebaut, die aber nie richtig zum Rennen kamen. Der vermeintliche Retter und sein Automobilclub mussten sogar schließen, und so war auch das Ende der Erfolgsstory Motul Formel V-Rennwagenbau besiegelt.

Walter Löffelsender absolvierte in Heide/Holstein noch seine Meisterprüfung und fing 1978 im Ford Entwicklungszentrum in Köln-Merkenich an. „Aber die Automobilgeschichte lässt einen ja nicht los", sagt der jetzt 61-Jährige augenzwinkernd. „Mein Sohn Mark ist als Diplom-

Spartanisch und eng: das Cockpit; der Seitenspiegel war hochgestellt, um die Verfolger immer gut im Blick zu haben.

Ingenieur Chassis und Zukunftsentwicklung seit 1998 ebenfalls bei Ford. Unsere Familie muss wohl einfach Benzin im Blut haben, denn auch Tochter Alexandra treibt Automobil- und Rallyesport. Außerdem hat sie eine Vertretung für Helme und Sicherheitsausrüstungen."

Bei Ford wurde er selbst immer „Formel V-Walter" genannt. Und es juckte ihn natürlich in den Fingern, als ihm 1993 ein Motul Super V zur Restauration angeboten wurde. Schnell war sein Interesse wieder geweckt. Über einen Ford-Kollegen fand er sogar seinen original Motul-Meisterschafts-Rennwagen, den er für seinen Sohn Mark herrichtete, der damit einige historische Rennen bestritt.

Vor fünf Jahren dann wurde im Internet einer der wenigen Motul Super V angeboten. Dieses Restaurationsobjekt stand in Hof in Bayern. „Es war Januar, eiskalt und dunkel", berichtet Walter Löffelsender, „wir konnten das Fahrzeug nur mit der Taschenlampe begutachten. Weil es kaum noch Exemplare des Motul Super V gibt und meine Lebenspartnerin drängte, kauften wir die Rennwagen-Fragmente. Am nächsten Tag stellte ich dann bei Tageslicht fest: Der Wagen hatte einen Unfall, es fehlten die wichtigsten Teile, einiges war Schrott. Der komplette Neuaufbau war fällig."

Die Restauration dauerte fünf Jahre, bis der Wagen wieder so dastand wie Walter Löffelsender junior ihn haben wollte – original wie vom Hersteller seinerzeit. In gelber Farbe und mit dem originalen Motul-Schriftzug wurde er 1974 als Werkswagen eingesetzt und im April 2011 bei den „Hockenheim Historics – in memory of Jim Clark" im Rahmen einer großen Formel V-Präsentation gezeigt. In einer so motorsporbegeisterten Familie wird er bestimmt auch bald wieder im Renntempo bewegt.

Beidseitig ragen die Ansaugstutzen der Vergaser über die Karosserie hinaus.

Wenn der Vater mit dem Sohne ...

Wenn es in der geräumigen Garage am Ende der Straße „Am Rittberg“ in Overath hämmert und zischt, dann wissen die Nachbarn: „Aha, die basteln wieder an ihren Oldtimern ...“ Mit „die“ ist ein außergewöhnliches Vater-und-Sohn-Gespann gemeint, die gemeinsam das gleiche Hobby pflegen: die Restauration von Oldtimern. Vater Rainer Eberhardt (72), der in den 60er-Jahren den Beruf des Karosseriebauers ergriff, wechselte später zu den Ford-Werken und ging dort als Senior Ingenieur und Gruppenleiter Karosseriebau 1999 in den Ruhestand. Aber schon lange vorher wusste er, welchem Hobby er frönen würde und schaute sich hier und da – auch in Amerika – schon mal nach geeigneten Objekten um.

Ein bildhübscher Austin Healy 3 l, Baujahr 1967: Dieses Fahrzeug haben Rainer Eberhardt und sein Sohn Claus erstklassig restauriert. Unter der Haube steckt ein Sechs-Zylinder-Motor.

Sohn Claus (45) spielte schon als Kind am liebsten in der Garage seines Vaters. Der hatte noch als Ford-Mitarbeiter ein Sachverständigenbüro in Overath eröffnet und kennt deshalb viele der damaligen Autofabrikate von innen und außen. „Dass da immer wieder andere Autos kamen, die häufig dicke Beulen und schwere Schäden hatten, beeindruckte mich sehr", sagt Claus Eberhardt, „aber noch mehr faszinierte mich, wie dann wenig später aus den Unfallautos nagelneue, glänzende Fahrzeuge wieder auferstanden."

Bald stand sein Entschluss fest und er erlernte „seinen Traumberuf" bei VAG Stein in Engelskirchen und wurde, wie sein Vater, Karosseriebaumeister. Aber das reichte ihm nicht, er studierte zusätzlich Maschinenbau und hängte auch noch ein Betriebswirtschaftsstudium dran. Seit 2001 ist auch er bei den Ford-Werken und dort als Betriebswirt im Chassis-Einkauf beschäftigt.

Vater Rainer stieß 1988 bei einem USA-Besuch – Tochter Elke lebt dort – auf einen 1967er, 3 l-Austin Healy. Der war zwar in einem desolaten Zustand, aber nach einer Probefahrt entschied er: „Die Substanz ist gut, der ist prima zu restaurieren, den nehmen wir!"

Die Schiffspassage nach Bremerhaven dauerte 14 Tage. Dort holten die Eberhardts den Big Healy ab. Nun

begann in der eigenen Werkstatt das komplette Zerlegen, Restaurieren, der Wiederaufbau und das Lackieren.

Diese erste Totalrestauration dauerte zwei Jahre mit rund 1 000 Feierabend-Stunden. „Es macht bei alten Autos keinen Sinn, nur hier und da immer mal wieder zu reparieren. Lieber einmal komplett überholen und dann Ruhe haben", erklärt Vater Eberhardt und der Sohn ergänzt: „Das gibt einem auch ein viel besseres und sichereres Fahrgefühl." 1990 stand der offene und spritzige englische Sportwagen dann schließlich fertig beim TÜV. Die Reaktion des Prüfers angesichts der bis dahin geleisteten Arbeit sprach Bände: „Alle Achtung, der sieht ja aus wie aus dem Laden."

Übrigens: Bei der Zulassungsstelle in Bergisch Gladbach erhielt dieser Austin Healy das erste, dort vergebene H-Kennzeichen. „H" steht dabei für „Historisches Fahrzeug". Um als historisches Kulturgut deklariert werden zu können, muss das Fahrzeug originalgetreu und mindestens 30 Jahre alt sein.

Der Erfolg spornte an und erhöhte die Jagd- und Sammelleidenschaft. In den USA waren alte Autos zu dieser Zeit noch relativ günstig zu haben und hatten, besonders in den sonnigen Staaten Florida und Arizona, kaum Rostansatz. Bei den Besuchen von Tochter und Schwester Elke in den USA hielt man die Augen auf und stieß bald auf das nächste Objekt der Begierde. Da wurde ein seltenes Corvette Sting Ray Coupé, Baujahr 1965, angeboten. Der Besitzer, Bill Eppler, wohnte in dem kleinen Bergdorf Bisbee in Arizona und war dort gleichzeitig der Herausgeber der „Bisbee Gazette". Er hatte das Fahrzeug 1965 selbst gekauft und in all den Jahren nur 80 000 Meilen gefahren. Ein Schnäppchen: Aus Erstbesitz, im Originalzustand und sogar mit dem Original Scheibenaufkleber, dem sogenannten „Window-Tag", der besagte, wann und zu welchem Preis das Fahrzeug aus dem Werk St. Louis in Missouri ausgeliefert wurde. Man einigte sich auf einen moderaten Preis, nicht ohne das

Der Traum aller sportlich eingestellten Amerikaner: das Corvette Sting Ray Coupé. Besondere Merkmale: Leichtbauweise durch Kunststoffkarosserie, dynamisches Design und ein Sound, der bis heute ins Ohr geht.

Versprechen, das Coupé ordnungsgemäß zu restaurieren und davon Fotos zu schicken, denn das Herz des alten Besitzers hing immer noch an seinem „Chevy“. Es folgten die üblichen Zoll- und Verschiffungsformalitäten und bald landete auch dieses Fahrzeug in Bremerhaven und dann in Overath.

Die Restauration stellten Vater und Sohn aber vor bisher nicht gekannte Herausforderungen. Die Kunststoff-Karosse ist auf einen Stahlprofilrahmen verschraubt. Die Instandsetzung der Fahrwerkteile, Motor, Achsen und Getriebe bereiteten den Eberhardts keine Probleme.

Die Restauration des GFK-Bodys erzeugte allerdings selbst bei den Experten erhebliche Kopfschmerzen, da er Spannungsrisse aufwies und die Passung der Motorhaube und der Türen stark zu wünschen übrig ließ. Außerdem hatte der in den USA übliche Thermolack von der Hitze in Arizona starke Risse davongetragen. „Die Restauration des Kunststoff-Bodys erforderte von uns einen Lernprozess, wie ihn sonst nur auf GFK spezialisierte Bootsbauer durchlaufen“, resümierte der Senior, Rainer Eberhardt. Doch letztlich kann sich das Ergebnis wirklich sehen lassen.

„Während einer solch langen Restaurationszeit ergeben sich aber auch die skurrilsten Dinge“, erzählt Sohn Claus schmunzelnd, „da stand der Chevy auf der schrägen Auffahrt und ich sollte ihn in die Garage fahren. Die Feststellklötze wurden wegge-

Nomen est Omen: Sting Ray bedeutet „Stachelrochen“ und das ist Programm. Denn der 5 l-Motor leistet 300 PS und will auf der Straße beherrscht werden.

nommen und der Wagen begann zu rollen. Am Ende der langen Garage stand ein kräftiger Amboss, als ich ca. drei Meter davor war, rief mein Vater plötzlich: ‚Vorsicht – der hat noch keine Bremse!‘ In diesem Moment krachte es aber schon und der Chevy rutschte leicht den Amboss hoch. Gott sei Dank war nicht allzu viel passiert."

1996 wurde das Corvette Sting Ray Coupé mit 5,4 l Hubraum und 300 PS zugelassen und sorgt seitdem abwechselnd oder gemeinsam für powervolles Fahrvergnügen.

Aber kaum war der amerikanische Kraftbolzen fertig, beschäftigten sich Vater und Sohn mit einem weiteren englischen Sportroadster, den sie Jahre zuvor ebenfalls in den USA günstig gekauft und in Teilen zu Hause gelagert hatten. Diesmal war es ein englischer MG A, Baujahr 1959, mit 1 500 ccm und 70 PS. Vater und Sohn hatten mit ihrer Oldtimerei die ganze Familie angesteckt, und so war es kein Wunder, dass plötzlich Tochter Elke aus den USA anrief und aufgeregt verkündete, dass sie bei einem schwedischen Händler um die Ecke einen gut erhaltenen und günstigen MG gesehen hätte. Vater Eberhardt bat seinen Schwiegersohn, der einige Ahnung von Autos hat, sich das Fahrzeug doch mal genauer anzusehen. Ergebnis: Einige Tage später wurde der MG A ungesehen über das Telefon gekauft. „Das war zwar ein Risiko, aber der Preis war so günstig, da konnte gar nicht viel schiefgehen",

Damals wie heute ein echter Frauenschwarm: der edle MG A ist startklar zur nächsten Reise.

Der kommt noch nicht in den Auto-Himmel: Der BMW 501, auch „Barockengel“ genannt, wartet auf seine Wiedergeburt für die Straße. Die (Kot-)Flügel sind schon dran ...

erzählt Rainer Eberhardt. Aber dann gab's doch noch ein Problem. Der Wagen wurde auf dem Schiffsdeck über den großen Teich transportiert und da bekam er eine dicke Beule in einem vorderen Kotflügel. Keiner der Besatzungsmitglieder wusste natürlich, wie das passieren konnte. „Das war zwar ärgerlich“, meinte Sohn Claus, „aber für uns doch kein so großes Problem.“

Und schon ist wieder ein neues Objekt in Arbeit. Diesmal ein deutsches Fabrikat. Ein BMW 501, aus der ersten Serie von 1954. Dieses Fahrzeug wurde durch seine opulenten, geschwungenen Formen im Volksmund schnell „Barockengel“ genannt. Es war das absolute BMW-Luxusauto nach dem Krieg. „Auch dieser Fund hat eine interessante Geschichte“, erzählen Vater und Sohn. Im Keller einer Fahrschule in Leichlingen sollten zwei dieser Barockengel, völlig auseinandergenommen, vor sich hin rosten. Die Eberhardts nahmen Kontakt auf und es stellte sich heraus, dass die Angaben wirklich stimmten, aber der Verkäufer hatte noch einige Kisten Ersatzteile und eine vier Meter lange, alte Drehbank im Keller. Und dann kam der Paukenschlag: Der Verkäufer wollte alles zusammen – oder gar nicht – verkaufen.

„Ich habe damals überlegt: Was will ich mit zwei völlig zerlegten Autos

... hier wird die Windschutzscheibe eingepasst. Claus (li.) und Rainer Eberhardt (re.) kennen wahrlich keine Langeweile.

und wohin mit der Drehbank“, erzählt Rainer Eberhardt, „und außerdem schien es mir fast unmöglich, die vier Meter lange Drehbank aus dem engen Keller zu holen. Dafür fehlt mir sowohl ein Kran als auch die nötigen Helfer.“ Also wurde der Kauf zuerst einmal auf Eis gelegt. Einige Tage später erzählte Rainer Eberhardt einem Freund, der in Porz-Lind einen Metallbetrieb besitzt, von diesem Kauf mit Hindernissen und der fragte so ganz nebenbei: „Was ist das denn für eine Drehbank?“

Mit Daten und Fakten konnte Rainer Eberhardt aufwarten und plötzlich meinte der Freund: „Wenn die noch gut ist, könnte ich die gebrauchen.“ Das war sie und nun wurde man sich mit dem Verkäufer schnell einig. Der Freund rückte mit entsprechen dem Gerät an und gemeinsam holte man alles aus dem Keller. Die Eberhardts bekamen die Autos und der Freund die Drehbank, die ehemals aus der Lehrwerkstatt der früheren Goetze-Werke in Burscheid stammte. Nun ist schon wieder drei Viertel der Arbeit an dem BMW 501 getan. Der Motor wurde überholt und läuft schon. Fahrgestell, Achsen und Getriebe sind restauriert, die Karosserie wird gerade zusammengebaut. „Aber auch hier gab's zuerst ein kleines Problem“, erzählen Vater und Sohn, „der Kofferraumdeckel hatte kein Schloss und keinen Drehgriff und wir wussten nicht, wie die Haube verschlossen und geöffnet wird. Wir besorgten einen Drehgriff, aber der passte nicht. Auf viele Nachfragen konnte uns niemand helfen.“ Was nun?

Des Rätsels Lösung: In den ersten Fahrzeugen der Serie 501 gab es noch kein Schloss und Drehgriff, sondern das vorhandene Schnappschloss wurde mit einem Zugdraht von innen geöffnet, so wie es noch Jahrzehnte lang bei vielen Motorhauben üblich war. Den Zughebel erreichte man aber erst nach Umklappen der hinteren Rückenlehne. Da das aber sehr umständlich und für ein Luxusauto auch etwas primitiv war, wurde das werkseitig sehr schnell geändert und kaum einer weiß das heute noch. „So können einem manchmal gerade die kleinen Sachen die größte Arbeit machen“, meint Sohn Claus.

Auf unsere Frage, ob denn dies nun das letzte Fahrzeug wäre, schauen sich beide nur lächelnd an, denn in einer kleinen Halle steht schon der nächste Oldtimer in der Warteschleife. Diesmal ein Vorkriegsauto, ein Ford Eifel Roadster von 1938. Den fanden sie bei einem Malermeister in Bergisch Gladbach. Dem war die Lust vergangen, angesichts der zu erwartenden Schwierigkeiten. 30 Jahre stand das Auto, von dem es nur noch sieben bekannte Exemplare geben soll, dort in der Garage. Es ist, wie in den 30er-Jahren noch oft, auf einem widerstandsfähigen Eschenholzrahmen aufgebaut. Also müssen sich Vater und Sohn Eberhardt auch noch mit der Holzverarbeitung beschäftigen. „Das ist nicht das Problem“, meinen sie, „wir haben ein größeres. Wenn das so weiter geht, müssen wir hier bald anbauen, um die schönen Oldies unterzubringen, denn trennen können wir uns von keinem, alle sind uns ans Herz gewachsen.“

Zwei Generationen für die blaue Pflaume

Wenn in Niederkassel bei Bonn das alljährliche Oldtimertreffen „Classic Cars & Caravans“ stattfindet, steht er mit seinem Markenzeichen, einem breitkrempigen Strohhut, meist auf der Bühne und präsentiert dem Publikum besondere Gäste oder die automobilen Highlights der Veranstaltung.

Die Rede ist von Christian Beien, von seinen Freunden auch schon mal liebevoll „Mister Ford“ genannt. Und das nicht nur, weil er ein Leben lang für die Ford-Werke in Köln gearbeitet hat, sondern vor allem, weil er in seiner Oldie-Sammlung auch sechs, zum Teil außergewöhnliche Ford-Fahrzeuge hat.

Ein Herz für die Gründerzeit: Christian Beien wird aufgrund seiner umfassenden Oldtimer-Sammlung auch „Mr. Ford“ genannt.

Bei anderen Oldtimerveranstaltungen stellt der umtriebige Rentner seine eigenen Schätze häufig zur Schau und greift zudem auch schon mal in die Saiten einer Mandoline, um die Gäste mit passender Oldiemusik zu unterhalten.

Geboren wurde Christian Beien 1944 in Köhsdorf in Niederbayern, wohin die in Köln ausgebombte Familie evakuiert wurde. Aber bereits 1945 kehrte die Familie nach Köln zurück und der Vater eröffnete in Lindlar eine kleine Spedition. Sein erster Lkw war ein amerikanischer Chevrolet mit Holzgenerator, der hatte es dem kleinen Christian schon mächtig angetan. Beien ging in Köln-Porz zur Schule, machte eine Maschinenschlosser-Lehre, absolvierte die Bundeswehrausbildung und besuchte schließlich die Ingenieurschule in Köln.

Nach bestandenem Staatsexamen 1967 stand er zuerst aber ohne Arbeit da. Er fasste seine Papiere zusammen und sich selbst ein Herz und stellte

„Mensch, wie hast du dich verändert!" Zwischen der ehrwürdigen Lady Thin Lizzy und ihrem Urenkel Mustang liegen Lichtjahre automobilen Designs, faktisch sind es nur rund 40 Jahre.

sich unangemeldet bei den Ford-Werken vor. Sie behielten ihn gewissermaßen gleich da, denn schon am nächsten Tag konnte er anfangen.

„Was sich dann so in meinem Leben für Ford abspielte, kann man so schnell gar nicht alles erzählen", sinniert er, „aber es war sehr abwechslungsreich und dementsprechend stressig: angefangen von der Marketingabteilung mit Sales Promotion und Händler-Incentive-Programmen, Händler-Betriebsberatung und Außendienstkontrolle, der Zonenleitung Distrikt Köln und in selbiger Verantwortung fünf Jahre im Ruhrgebiet, dann zwei Jahre Marktplanung in Hamburg und zurück nach Köln schließlich zur Händler-Koordination bundesweit. Dann noch der Aufbau des Vertriebsnetzes in Ostdeutschland, nach der Wiedervereinigung, mit Sitz in Berlin bis 1995. Das hat mir gereicht. Mit 59 Jahren bin ich 2003 in Frühpension gegangen."

Zu diesem Zeitpunkt hatte er sich seine Liebe zu Oldtimern endlich eingestanden, die latent eigentlich schon lange schwelte. Als er sich ent-

schloss, seinen ersten Oldtimer tatsächlich zu kaufen, sagte seine Frau: „Wenn du dir Oldtimer zulegst, dann will ich zwei Haflinger Pferde haben." Eine gute Ehe besteht bekanntlich auch aus Kompromissen: Beide einigten sich darauf, dass sie ja in den Oldtimern immer mitfahren könne. Beien hingegen interessierte sich mehr für die PS auf vier Rädern als auf vier Hufen.

Das erste Auto, eine große amerikanische Limousine, ein Ford Customline von 1953, mit großem Acht-Zylinder-Motor fand er dann in Mayen. An dem Prachtstück war aber auch Sohn Christian interessiert, der, inzwischen 40 Jahre alt, auch für Oldtimer schwärmt.

Der nächste Tipp kam von seiner besseren Hälfte. Die hatte die Haflinger Pferde inzwischen vergessen und hielt stattdessen Ausschau nach schönen Klassikern. „Christian", sagte sie, „im nächsten Ort habe ich durch ein offenes Garagentor einen tollen roten Old-

„Und sie sündigten in einem Ford ..." Der Begriff „Familienkutsche" gewinnt bei dieser Geräumigkeit eine ganz neue Dimension. Beien sen. schenkte den Ford Customline seinem Sohn Christian.

timer gesehen. Ich glaube zwar, es ist kein Ford, aber er ist sehr schön.“ Beien erinnert sich noch gut daran: „Gesagt, getan, ich fahr dorthin und stehe plötzlich vor einem wunderschönen Adler Trumpf Junior Cabriolet von 1936, mit einer der seltenen Spezialkarosserien. Der kleine, damals in Frankfurt gebaute Wagen, hat 998 ccm und 25 PS und war in den 1930er-Jahren sehr beliebt und begehrt. Auch heute ist er noch ein richtiger Blickfang. 14 Tage habe ich mit dem Verkäufer verhandelt – und dann gehörte er mir!“

Von diesem kleinen Wagen, der für die damalige Zeit schon über innovativen Frontantrieb und Schwingachsen verfügte, wurden über 100 000 Stück gebaut. Nur wenige allerdings überlebten den Krieg. Auch die Firma Trumpf wurde im Krieg in Schutt und Asche gelegt und nahm danach die Produktion nicht wieder auf.
Nach dem Adler kam Christian Beien doch wieder auf einen Ford zurück, und zwar auf einen der allerersten: Ihm hatte es die berühmte Thin Lizzy von 1926 angetan, um die sich im Laufe der Herstellungsjahre wahre Legenden gebildet hatten. Von diesem Auto wurde in den Jahren von 1908 bis 1927 exakt 15 456 868 Fahrzeuge gebaut. Erst über 40 Jahre später, im Jahr 1972, konnte VW mit dem Käfer diese Rekordmarke knacken.
„Von Henry Ford gibt es zu diesem Auto sehr lustige Aussagen, die aber

Feuerrotes Spielmobil: das Adler Trumpf Junior Cabrio von 1936 mit Spezialkarosse. Beien verhandelte zwei Wochen, um ihn zu ergattern.

Wenn sie erzählen könnte …
Die Thin Lizzy von 1926 hat
noch den Goldrausch
am Klondike miterlebt …

alle ernst gemeint waren“, erzählt Christian Beien. „Der Wagen war für die damalige Zeit mit 2,9 l Hubraum und 20 PS zwar schon ganz gut motorisiert, aber trotzdem gab es immer wieder Probleme beim Bergauffahren. Dazu die Aussage von Henry Ford: ‚Das ist kein Problem – dann muss man eben rückwärts fahren.‘ Oder auf die Klagen vieler Käufer, dass es die Thin Lizzy nur in Schwarz gebe, die Aussage: ‚Wir liefern jede Farbe – aber sie muss schwarz sein.‘“

Mit der Thin Lizzy war die Sammellust von Mr. Ford aber noch lange nicht erschöpft. „Ja und dann musste es noch eine Ford-Ikone sein, der berühmte Ford Mustang und den natürlich als Cabriolet“, erzählt Christian Beien. „Ich hab zwar nur den kleinsten, einen 66er, das heißt Baujahr 1966, Sechs-Zylinder-Motor, 3,2 l Hubraum und nur 120 PS, aber der Wagen ist in einem Traumzustand und das war mir wichtig.“ Gefunden hat er sein Pferdchen in Essen, aber da war es gerade mal frisch aus Nebraska importiert und hatte nur einen Vorbesitzer. Auch als man ihm überraschend einen Ford Thunderbird anbot, hatte Christian Beien plötzlich einen Sprachfehler: Er konnte einfach nicht „nein“ sagen.

Dieser „Donnervogel“, eine Ford US-Ikone, mit einem 4,8 l V8-Motor, 201 PS, Hardtop, Baujahr 1955, gehörte seinerzeit zu den beliebtesten amerikanischen Fahrzeugen. Die offene Karosserieform, manchmal mit hochgestelltem Reserverad außen am Kofferraum montiert, sollte Sportlichkeit vermitteln und sich

„Donnervogel“: Der Ford Thunderbird hat 201 PS unter der Haube und war zunächst ein Zweisitzer. Vor allem mit seinem V8-Motor war der T-Bird eine Kampfansage an die rassige Corvette von Chevrolet.

Diese US-Ikone musste es doch schon noch sein: ein rotes Mustang Cabrio, mit nur 120 PS, dafür aber in einem Top-Zustand. Sein Sohn Christian (u.) hat auch längst Feuer gefangen. Er ergänzt die Beien-Sammlung um weitere Ford-Modelle vor allem aus deutscher Produktion, z. B. durch einen Granada.

von den anderen Autos abheben. Ein Konzept, das vielfach aufging, wenn man sich die Verkaufszahlen einmal ansieht. Diesen Wagen fand er übers Internet, ebenfalls importiert, diesmal aus dem sonnigen Kalifornien. Zwischenzeitlich war aber auch Sohn Christian nicht mehr vor der „Ford-Krankheit" zu retten, allerdings hat er vor allem ein Faible für die Modelle aus deutscher Produktion.

Einer seiner ersten Objekte war ein Ford Granada, den er in Stuttgart aufstöberte; Baujahr 1984, aber mit dem englischen Vier-Zylinder-Motor, 2,1 l, 105 PS. Nachdem er ihn äußerlich wieder auf Vordermann gebracht hatte, spielte ihm der Zufall gleich das nächste Fahrzeug in die Hände. Wieder ein Ford Granada, aber ein Schnäppchen aus erster Hand, mit Automatik, 2,3 l-Sechs-Zylinder-Motor, 105 PS, Baujahr 1978. Vater Christian krönte seine Ford-Sammlung schließlich mit einem seltenen Ford A, als Lkw, Baujahr 1931, 3,4 l, 40 PS. Der war bei einem Weinbauern in Nordfrankreich gelaufen und hatte noch das original französische Kennzeichen.

„Beim Startversuch ging aber so einiges schief", erzählt er, „denn beim fünften Mal gab es einen gewaltigen Knall, der Wagen sprang nicht mehr an, ein Ritzel saß fest. Das Fahrzeug stand auch noch in Grevenbroich. Hier mussten wir erst einmal das Ritzel ausbauen, alles gängig machen und uns auf die Suche nach Ersatzteilen begeben. Das hat dann einige Wochen gedauert, bis er schließlich wieder lief. Der frühere Besitzer aus

Ganz selten: ein Ford A als Lkw. Das Vorkriegsfahrzeug mit 40 PS hat seine Dienste bei einem Weinbauern in Nordfrankreich geleistet.

dem Saarland hatte aber beim Verkauf noch eine Bedingung: ‚Wenn das Fahrzeug wieder betriebsbereit ist, möchte ich noch einmal zum Lkw-Treffen nach Hillesheim in der Eifel fahren.' Leider konnten wir ihm diesen Wunsch nicht mehr erfüllen. Er starb bald darauf."

Auch Sohn Christian fand Gefallen an solch großen Fahrzeugen. Bei der Feuerwehr in Stuttgart entdeckte er einen Magirus Lkw von 1967, einen sogenannten „Baubullen", der dort als Schlauchfahrzeug eingesetzt war.

Er hatte nur 18 000 Kilometer auf dem Tacho und war in einem hervorragenden Zustand. Der luftgekühlte 10-Tonner mit 6,5 l Hubraum leistet 120 PS. „Im Verhältnis zu den heutigen Groß-Lkw ist das natürlich nur ein Zwerg", erläutert Christian Beien jun., „aber zu seiner Zeit war das ein sehr gefragter Laster." Da sich die Sammlung von Vater und Sohn ständig vergrößerte und die Fahrzeuge inzwischen alle möglichen Scheunen und Garagen besetzten, tauchte natürlich auch bald die Frage auf: Wohin damit, wenn noch Fahrzeuge dazukommen? Der Familienrat tagte und auch hier spielte der Zufall wieder eine Rolle. Ein Angebot für ein sehr günstiges Grundstück mit Zufahrt flatterte ins Haus. Schon bald stand für die Beiens der Entschluss fest: Wir bauen eine Halle für unsere Oldtimer!

Seit 2010 steht das flammneue Gebäude nun und Christian Beien sagt nicht ohne Stolz: „Nun haben wir unser eigenes kleines Museum – mit einem Unterschied: Unsere Fahrzeuge lassen sich alle fahren und damit auch andere etwas davon haben, laden wir jetzt alljährlich im Herbst zum Oldtimer-Hallenfest.“

Der ganze Stolz von Christian Beien jun.: der „Baubulle“, ein luftgekühlter Dinosaurier der Marke Magirus-Deutz. Zeitweise war das Ulmer Unternehmen der zweitgrößte deutsche Nutzfahrzeughersteller, insbesondere für allradgetriebene Baufahrzeuge, die sogenannten Eckhauber mit Dieselmotoren von Klöckner-Humboldt-Deutz.

Gulliver's Renn-Service auf Reisen

Achim Droste ist ein besonnener Ingenieur und Techniker, doch wenn er Oldtimer erblickt, geht sein Herz auf. Das hätte er sich auch nicht träumen lassen, als er in jungen Jahren eine technische Ausbildung in einem Konstruktionsbüro in Braunschweig absolvierte, dann über mehrere Stationen 1988 in Hennef an der Sieg landete und sich dort selbstständig machte.

Der kleine Betrieb expandierte, Droste suchte eine neue Betriebsstätte und fand sie 2000 in Köln. Hier entwickelt der heute 55-Jährige mit seinen Mitarbeitern in kreativen Arbeitsprozessen Innovationen, die ziemlich weit entfernt sind von der alten Oldtimer-Technik. Zwar hatte er immer schon mit Automobilen zu tun, aber das auf hoch spezialisierten Gebieten. So wurde er zum Beispiel zu Deutschlands größtem Lieferanten von Hochleistungs-Pleuelstangen in Rennmotoren, vom Rallyeauto bis zum Formel I-Rennwagen. Allein in den vergangenen Jahren verließen über 15 000 Pleuelstangen seine Werkstatt, für den relativ kleinen Bereich des Motorsports eine hohe Zahl.

Aber 1998, noch in Hennef, hatte er eine schicksalhafte Begegnung mit einem englischen MG A Sportroadster mit 1 500 ccm von 1959,

„Wir gehören zusammen": Der Rennservice-Transit von Achim Droste mit einem historischen Ford Capri RS sind ein schmuckes Gespann.

Hans-Joachim Droste, der Motorspezialist.

in gutem Originalzustand. Es war gleich um ihn geschehen, Gegenwehr völlig zwecklos. „Ich habe zuerst eine Sitzprobe gemacht“, meint er augenzwinkernd und schaut dabei an sich hinab, „denn meine Einmeterachtzig und mein Körpergewicht mussten ja auch in den relativ kleinen Sportwagen passen.“ Die Sitzprobe klappte und nachdem der Verkäufer auch noch seinen älteren Audi in Zahlung genommen hatte, war der Kauf perfekt.

„Der Wagen war in einem guten Zustand und ich habe nur ein paar Kleinigkeiten gemacht“, erzählt er, „außerdem wollte ich ihn nicht restaurieren, sondern nur reparieren, denn der Wagen sollte seine Alterspatina ja behalten.“

2002 mutete er seinem Oldtimer dann die erste große Belastungsprobe zu, er meldete sich zu der strapaziösen Rallye-Veranstaltung: 2 000 Kilometer durch Deutschland. „Das war eine tolle Erfahrung! Wenn man sich vorstellt, dass diese alten Fahrzeuge schon vor 50 Jahren eine solche Strecke sportlich absolvierten, aber über viel schlechtere Straßen! Vor der alten Technik kann ich nur den Hut ziehen“, sagt er heute ehrfurchtsvoll. Aber auf dieser Strecke machte er auch die Erfahrung, dass

Der Zwilling vom Rennservice-Transit: ein Ford Capri RS 2,8 l im sportlichen Design, aber nicht zu verwechseln mit der Rennausführung, die ihre Gegner insbesondere 1971 meistens von hinten sahen: Bewegt wurde sie in der Tourenwagen-EM von Dieter Glemser, in der Deutschen Rundstrecken-Meisterschaft von Jochen Mass. Furore machte in diesem Jahr auch der noch junge Hans Stuck, der mit einem 300 PS starken Capri RS die Deutsche Rennsport-Meisterschaft (DRM) aufmischte.

die einstigen Materialien viel schneller verschleißen. In München musste er seine Trommel-Bremsen reparieren, was er in einer kleinen Werkstatt selbst erledigte. Aber dann packte ihn der Ehrgeiz. Schon 1959 gab es als Sonderausstattung für dieses Modell die damals sehr modernen Scheibenbremsen. Weil er aber Schwierigkeiten hatte, diese zu bekommen, baute er sie in der eigenen Werkstatt selbst so gut nach, dass kein Fachmann sie unterscheiden konnte.

Inzwischen ist er mit seinem MG A Roadster unzählige Rallyes gefahren und seine Sammel-Leidenschaft reißt nicht ab. 2007 sah er bei einem Kunden einen Ford Escort. Der kleine Wagen, Baujahr 1978, war in einem hervorragenden Zustand, war erst 27 000 km gelaufen, noch dazu Scheckheft-gepflegt und aus erster Hand. Daneben hatte der 1,3 l-Wagen auch innere Werte: eine Dreigangschaltautomatik, für solch ein kleines Fahrzeug sehr ungewöhnlich. Ein Traumschnäppchen!

Der Besitzer wollte ihn nicht mehr haben, verlangte aber trotzdem einen stolzen Preis. „Ich habe dann so getan, als ob mich der Oldtimer überhaupt nicht interessiert", erzählt Achim Droste spitzbübisch, „der Verkäufer ging immer weiter mit dem Preis runter. Irgendwann war das Limit erreicht, das ich mir gesetzt hatte und ich sagte zu: ‚Ja, dafür würde ich ihn nehmen!'"

Das Schätzchen hat er übrigens inzwischen seinem interessierten 27-jährigen Sohn Alex geschenkt,

„damit auch die Oldtimer-Szene Nachwuchs und frisches Blut bekommt", schmunzelt er.

Droste arbeitete immer intensiv mit Ford zusammen. Aber selbst in deren Oldtimer-Sammlung war nicht das zu finden, was ihm vorschwebte: ein Rennservice-Wagen auf Ford Transit-Basis, so wie er ihn einmal in den 70er-Jahren gesehen hatte. Im Internet wurde er nicht fündig und auch die Ford-Oldtimer-Clubs konnten ihm nicht weiterhelfen.

Da beschloss er, ein solches Fahrzeug nach vorhandenen Fotos selbst wieder aufzubauen. Er musste nur einen alten Transit finden, bei dem die Original-Basis stimmte: also ein Kastenwagen in Langausführung, innen völlig leer, mit verstärkter Hinterachse mit Doppelbereifung. Und wieder kam ihm der Zufall zu Hilfe, über seine belgischen Kunden, denn das Ford-Testgelände in Lommel war nicht weit entfernt.

Ein solches Fahrzeug hatte jemand in einer nahe gelegenen alten Halle gesichtet. Hinfahren, anschauen, kaufen, waren drei schnelle Entscheidungen und schon wenige Tage später stand der alte Ford Transit auf dem Werkstatthof in Köln. Die erste echte Untersuchung ergab: Glück gehabt, die Basis ist noch in Ordnung. Natürlich mussten Karosserie, Achsen, Motor und Fahrgestell völlig überholt werden, aber das ging zügig. Beim äußeren Design tat sich Achim Droste schon etwas schwerer.

Hier legt der Meister selbst Hand mit an: Martin Smith (re.), Chefdesigner von Ford und einer der Godfathers des Automotive Design der vergangenen 30 Jahre (u. a. Audi und Opel), verlieh dem Rennservice-Transit von Achim Droste die höchsten optischen Weihen.

Klar war, der Wagen sollte weiß-blau werden, denn das waren die Farben der siegreichen Werks-Renn-Capri in den 70er-Jahren. Aber wer konnte diese Lackierung so exakt ausführen? „Über die Oldtimer-Szene kannte ich zwar den Director Design der Ford-Werke, Martin Smith, der selbst einen 3 l-Renn-Austin Healy fährt", erzählt Achim Droste, „ich habe es dann aber gewagt, ihn darauf anzusprechen. Und eines Tages ging bei mir im Büro das Telefon. An der Strippe: der Chefdesigner von Ford, Martin Smith, selbst. Wie weit ich denn mit dem Aufbau sei und ob er sich den derzeitigen Zustand einmal ansehen könne. Ich solle ihm doch ein paar Fotos per E-Mail schicken." Droste war sprachlos: „Dieser Anruf hat mich echt vom Stuhl gehauen", erzählt er. Als dann wenige Tage später Martin Smith auch noch in der Lackier-Werkstatt auftauchte, einige Stunden selber Hand anlegte und das Design vorgab, war die Freude groß: „Ich wusste nicht, wie mir geschah, plötzlich so kompetente Hilfe zu haben!"

Aber noch war der Ingenieur nicht fertig. Bei der Probefahrt stellte sich heraus, dass der kleine V4-Motor mit nur 65 PS „keinen Hering vom Teller zieht", wie Achim Droste das scherzhaft nennt und für einen Anhänger

Ein absoluter Glücksgriff für Sammler: nichts zu restaurieren, alles tadellos in Ordnung ...

... und alle Papiere vollständig im Handschuhfach, da freut sich auch der TÜV: ein seltener Porsche 914/6 mit Fünfgang-getriebe.

Der 914/6 war das erste in Großserie hergestellte Mittelmotor-Fahrzeug der Welt. Das Exemplar von Droste, Baujahr 1971, hat das gleiche Aggregat unter der Haube wie der Carrera RS und damit mehr Power als die Serie: 207 PS aus 2,7 Liter Hubraum. Eines der typischen Merkmale: das Targadach.

kaum geeignet war. Wieder mussten die Freunde ran, die glücklicherweise langsam Spaß an der Sache gewannen. Sie trieben einen stärkeren 2,3 l-Motor mit 107 PS auf, der aber nicht lief und erst noch generalüberholt werden musste. Dafür kostete er auch nur eine Flasche Rotwein. Und die Freunde brachten sogar noch eine Überraschung mit: ein Fünfgang-Getriebe, dass es damals zwar schon gab, das aber selten bestellt wurde. Denn in Oldtimer-Fahrzeugen dürfen nur Komponenten verbaut werden, die mehr als 30 Jahre alt sind und damals schon angeboten wurden. Originalität ist Trumpf, wenn es um die Abnahme beim TÜV und das H-Kennzeichen geht.
Seit dieser Aktion sind der Rennservice-Transit und Achim Droste auf der Straße, unter anderem in Österreich bei der Silvretta Classic, bei den Schloss Dyck Classic Days, auch zum Oldtimer Grand Prix auf den Nürburgring gab's schon eine Einladung. Erste regionale Oldtimer-Veranstalter haben ihr Interesse bekundet.

Drostes Fuhrpark hat sich in der Zwischenzeit noch vergrößert. Passend zu seinem Renntransporter sollte es noch ein Ford Capri aus den 1970er-Jahren sein. Im gleichen Design wie der Rennservice-Transit ist das Gespann schon ein echter Hingucker. Aber auch der Capri mit 2,8 Liter Hubraum und 160 PS musste zuerst völlig restauriert werden.

Schließlich spielte ihm der Zufall noch einen weiteren Klassiker in die

Hände, an dem er ausnahmsweise mal nichts zu restaurieren hatte, denn das Fahrzeug war in einem tadellosen Zustand: ein Porsche 914/6 Targa, Baujahr 1971, mit Fünfganggetriebe, der aus Los Angeles/USA stammte und vor einigen Jahren nach Deutschland gelangt war.
Diesmal war ihm das Glück sehr hold, denn im Handschuhfach fanden sich alle Originaldokumente und sogar die Anschriften aller drei Vorbesitzer. Das war auch nötig, denn der Wagen war in den USA bereits frühzeitig auf einen stärkeren Motor umgerüstet worden, – auf einen 2,7 Liter-Motor mit 207 PS, der auch im Porsche Carrera RS verbaut wurde. Da die Motornummer historisch einwandfrei war, erhielt er von TÜV Rheinland auch das begehrte H-Kennzeichen.

Der eigentliche Höhepunkt seiner Oldtimer-Leidenschaft allerdings ereignete sich 2013. Achim Droste ist schon lange ein großer Fan des berühmten Rennfahrers Graf Berghe von Trips, der beinahe der erste Formel I-Weltmeister auf einem Ferrari geworden wäre und 1961 den Motorsportclub Scuderia Colonia gründete.
Dieser Club lädt alljährlich zu Pfingsten zur bekannten Oldtimerrallye Scuderia Colonia Classic rund um den Nürburgring ein, der Ingenieur gehört ihm bereits einige Jahre an. In 2013 wählten die Mitglieder Achim Droste zu ihrem neuen Präsidenten.

Der Ingenieur, der aus der Kälte kam

Es war Anfang der 50er-Jahre. An den späteren „7. Sinn“ dachte ich natürlich noch nicht, aber dafür faszinierte mich der Motorsport. Ein älterer Freund, der als Leutnant aus dem Rommel-Feldzug in Afrika gekommen war, baute sich gerade eine Existenz im Zeitschriften-Gewerbe auf und besaß zwei kleine Autos der heute fast vergessenen Marke „Gutbrod Superior“. Sie hatten einen 700-ccm-Zweitakt-Motor mit 24 PS und Frontantrieb. Es waren zweisitzige kleine Coupés, sogar mit Kofferraum, aber dieser ließ sich nur von innen beladen. Wenn man die Sitze nach vorne schob und die Rückenlehnen vorklappte, konnte man mit viel Geduld und Spucke das Gepäck hineinbugsieren.

Ist es nicht schade, dass es dieses Auto nicht mehr gibt? Ein Gutbrod-Superior von 1952 mit 27 PS. Für die Beladung brauchte man vor allem Geduld und Spucke.

Aber ein Modell der Gutbrod-Reihe verfügte für die damalige Zeit über eine kleine, technische Sensation. Statt des Vergasers besaß das Fahrzeug weltweit die erste mechanische Einspritzanlage für einen Zweitakt-Motor. Dieses Experiment bestritten Bosch und ein junger Motor-Ingenieur von Gutbrod gemeinsam. Von genau diesem Motor-Ingenieur wird noch zu reden sein, denn er startete bei Gutbrod eine Karriere, die ihn später weltberühmt machte.

Anfang der 50er-Jahre gab es besonders häufig Zuverlässigkeits- oder Dauerfahrten, die für die Industrie eigentlich den Zweck hatten, einen Leistungsbeweis für das jeweilige Fabrikat zu erbringen. So gab es zum Beispiel auch eine Acht-Stunden-Dauerprüfung auf dem Nürburgring, was eigentlich nichts anderes als ein verkapptes Rennen mit serienmäßigen Fahrzeugen war.

Start zur AvD-Journalisten-Rallye 1968. Noell auf seinem Mercedes 220 SE, mit der Benzineinspritzung, an der Dr. Scherenberg maßgeblich beteiligt war. Die Startflagge senkt der spätere Formel I-Fahrer Vic Elford.

Bei den längeren Rennen war dann auch häufig Fahrerwechsel angesagt. Wer die Eifel rund um den Nürburgring kennt, weiß, dass es dort auf der Hohen Acht und auf der Start- und Zielgeraden im Frühjahr noch sehr kalt ist oder sogar noch schneien kann. Kurz und gut – es war auch diesmal wieder saumäßig kalt am Ring, als ich bei einem dieser Rennen als 19-Jähriger startete.

Es dauerte nicht lange, da stellte sich heraus, dass die kleine, technische Sensation einer Einspritzanlage bei einem Zweitakter noch stark entwicklungsbedürftig war. Die Einspritzleitungen bestanden aus einer Metall-Legierung, die die unangenehme Eigenschaft hatte, bei Kälte zu vereisen. Das war natürlich immer der Fall, wenn man über das „Karussell" und die „Hohe Acht" hinauf zu Start und Ziel fuhr. Der Motor bekam dann zu wenig Sprit, begann zu stottern und die Fahrt verlangsamte sich deutlich. Das Gegenteil war der Fall, wenn man bergab fuhr, dann löste sich die Vereisung und je näher man dem tiefsten Punkt „Breitscheid" kam, umso besser lief das kleine Auto.

Gutbrod mit Frischluftzufuhr: Das Rolldach war damals serienmäßig.

Als ich nun wieder einmal mit stotterndem Motor an der Box anhielt, kam ein schlanker Mann in Lederjacke auf mich zu und sprach mich mit den Worten an: „Na, Herr Noell, haben Sie Probleme mit der Einspritzanlage?“ Er stellte sich vor, aber in der Aufregung hörte ich gar nicht auf seinen Namen, sondern nur noch den Satz: „Ich bin der Motoren-Entwicklungs-Ingenieur von Gutbrod, wir kennen das Problem und wir haben deshalb neue Einspritzleitungen aus einer Kupfer-Metall-Legierung hergestellt, ich wechsle die schnell für Sie aus.“

Gesagt, getan, in wenigen Minuten waren die Leitungen ausgewechselt. Ich raste hinter dem Feld her und konnte dank dieses kleinen Vorteils noch den dritten Platz in unserer Klasse belegen. Nach dem Rennen wollte ich dem unbekannten Ingenieur noch danken, aber dieser hatte den Nürburgring da schon verlassen.

Kurz darauf musste ich meine motorsportlichen Aktivitäten aufgeben, denn die Berufslaufbahn als Journalist nahm mich doch sehr in Anspruch. Nach einiger Zeit war das kleine Intermezzo auf dem Nürburgring vergessen.

18 Jahre später: Ich war längst von der „Rheinischen Post“ in Düsseldorf zum Fernsehen gewechselt, berichtete auch über Motorsportveranstaltungen, gestaltete eine eigene Sendereihe im Regionalprogramm des WDR mit dem Titel „Tipps und Tricks für Autofahrer“, die dann in den schnell bekannt gewordenen „7. Sinn“ in der ARD mündete. Meine motorsportlichen Ambitio-

Innovative Technik, ein günstiger Verbrauch, gute Fahrleistung: Anfang der 50er-Jahre war der schicke Gutbrod aus Plochingen für Familien der ganze Stolz!

nen beschränkten sich jetzt auf die TV-Berichterstattung und auf das private Fahren schneller Autos. Im Laufe der Jahre hatte ich immer größere Modelle ausgewählt. Denn um ein Kamera-Team mit der gesamten Ausrüstung mitnehmen zu können, musste ein Fahrzeug mit einem großen Kofferraum und einer hohen Leistung her.

Die Wahl fiel auf einen 280 SE von Mercedes – und der hatte eine mechanische Einspritzanlage für den Sechs-Zylinder-Motor. Das Auto war bei Rennen und Rallyes dank seiner Leistung sehr erfolgreich, und Mercedes belegte damit auch 1960 bei der berühmt-berüchtigten „Rallye Monte Carlo" die Plätze 1, 2 und 3 im Gesamtklassement.

Mit den Siegern, dem Team Schock/Moll, hielt ich weiterhin Kontakt, zumal ich für meine Fernsehserie „7. Sinn" ständig Leute brauchte, die gut mit dem Auto umgehen konnten. 1968 nahm ich die Möglichkeit wahr, im alten Fahrerlager der Solitude-Rennstrecke bei Stuttgart eine Folge

Der legendäre Mercedes 300 SL Flügeltürer: Der „Sportwagen des Jahrhunderts" hatte statt eines Vergasers – Sie ahnen es schon – eine mechanische Benzineinspritzung, an der Dr. Scherenberg mitgearbeitet hat.

Der Gutbrod Superior Einspritzer von 1952: Der schicke Sport Roadster mit Aluminium-Karosserie war sogar im Winter ein absoluter Womanizer.

mit dem Titel „Homogenes Anfahren an der Ampel" zu drehen, für die ich aber 50 Fahrzeuge brauchte. Für Schock/Moll war das kein Problem. Zum angesetzten Termin standen pünktlich 50 Fahrzeuge eines Stuttgarter Motorsport-Clubs zum Dreh bereit.

Der neue Sechs-Zylinder-Einspritzmotor von Mercedes war zwar nicht mehr so empfindlich wie der Gutbrod aus den 50er-Jahren, aber er hatte ein anderes Problem. Ähnlich wie heute mit der Elektronik konnten damals normale Automonteure mit dieser Einspritzung noch nicht viel anfangen. Das heißt, die genaue Einstellung der Anlage verlangte Kenntnis und sehr viel Fingerspitzengefühl. Funktionierte das nicht so richtig, dann stotterte der Motor oder lief nur auf vier oder fünf der sechs Zylinder. Ich kam deshalb viel zu spät zu dem angesetzten Dreh, schimpfte über das Auto und die nicht sauber eingestellte Einspritzanlage. Schock/Moll, die durch ihre Rallye-Erfahrung eine besonders gute Beziehung zur Rennabteilung von Mercedes hatten, trösteten mich, schickten einen Fahrer mit meinem Auto in das nahe gelegene Werk mit dem Versprechen: „Wenn wir das Auto heute Abend abholen, läuft es wieder astrein."

Nach Drehschluss fuhren wir zum Werk und erhielten über ein Nebentor sofort Einlass. Zwischen den Hallen sah man kaum einen Menschen, denn es war schon Feierabend, aber vor einem großen Hallentor stand mein Auto. Der Schlüssel steckte, ich startete und siehe da, der Motor lief mit einem feinen leisen Säuseln, wie versprochen, astrein. Plötzlich geht die kleine Schlupftür im großen Hallentor auf, ein schlanker Mann, leicht ergraut, in einem weißen Kittel, kommt auf mich zu, lächelt und sagt: „Na, Herr Noell, hatten Sie wieder Probleme mit Ihrer Einspritzanlage?" Ausdruck, Tonfall und das feine Lächeln alarmierten mein Gehirn sofort und in der Erinnerung hörte ich dieselben Worte 18 Jahre zuvor auf dem Nürburgring, als mir ein Gutbrod-Motor-Ingenieur die Einspritzleitungen gewechselt hatte.

Tatsächlich, es war derselbe Ingenieur, der kurz nach dem oben geschilderten Erlebnis Gutbrod verließ und zu Mercedes geholt worden war. Es war Dr. Hans Scherenberg, der später als Professor allgemein als „Einspritz-Papst" tituliert wurde.

Nur wenige wussten, dass er von Gutbrod gekommen war, auch, weil dieser Name längst vom Markt verschwunden war. Zu seinem 80. Geburtstag aber berichtete „auto, motor und sport" in einer mehrseitigen Reportage über sein Leben und veröffentlichte sogar nachgestellte Fotos mit einem Gutbrod Superior.

Der Dicke, der hat Puste

Manege frei: Wenn dieser blaue Riese die Bühne des Straßenverkehrs betritt, ist ihm die Aufmerksamkeit aller sicher.

„Wumm, wumm, wumm“, gibt der große Motor von sich. Dann ist wieder Stille.

„Der ist noch nicht genug vorgewärmt“, sagt Werner Buslei, „das dauert noch zwei, drei Minuten ...“ Ehrfürchtig stehen wir vor dem großen Traktor, einem Lanz Bulldog von 1941, mit 10,3 Liter Hubraum. Früher nannte man ihm früher auch „Eil-Bulldog“ , weil er eine Höchstgeschwindigkeit von 33 km/h entwickelte. Deshalb war er besonders bei Speditionen und Schaustellern so beliebt. Werner Buslei dreht noch mal kräftig an dem großen Schwungrad: „Wumm, wumm – wumm, wumm“, gibt der bullige Motor seinen Sound ab und nun läuft er in einem langsamen Takt beständig durch. Allerdings versteht man jetzt sein eigenes Wort nicht mehr. Mit einem verschmitzten Lächeln stellt Werner Buslei den Motor wieder ab. „Schöner Ton, was?“, schaut er mich fragend an, „aber die anderen Traktoren haben auch schöne Motorgeräusche und die erkenne ich alle mit verbundenen Augen.“ Die anderen: Das sind fünf weitere alte Traktoren verschiedener Hersteller, die er in den letzten 15 Jahren gesammelt und eigenhändig restauriert hat.

Die Liebe zu alten Traktoren kommt bei Werner Buslei nicht von ungefähr. Der gelernte Maschinenbautechniker aus Overath-Vilkerath, der zuletzt 34 Jahre bei Bayer in Leverkusen als Projektmanager gearbeitet hat, schwärmt noch heute von seiner Kindheit, die er bei seinem Großonkel auf dessen Hof im Westerwald verbrachte. Dort wurde eines Tages das noch benutzte Ochsengespann in Zahlung gegeben, für einen 11er Deutz-Traktor, und der damals 12-Jährige durfte damit schon die Feldarbeit erledigen und kurvte auf dem Hof herum. Das gleiche Modell war dann, sozusagen als Erinnerungskauf, auch das erste Objekt der Begierde: ein 11er-Deutz von 1947, mit 11 PS und 1 145 ccm, wassergekühlt. Mangels ausreichender Finanzen suchte und fand er an drei verschiedenen Stellen Fragmente dieses Modells und baute die gebrauchsfertigen Teile zu einem fahrfertigen Traktor zusammen. Nach mehr als einem Jahr Arbeit nahm er mit Stolz die TÜV-Zulassung entgegen.

Aber das war erst der Auftakt zur Sammlung. Als der heute 65-Jährige 1992 von Overath nach Vilkerath zog, hatte er auch endlich Platz für eine Werkstatt, die er mit Drehbank und Fräsmaschine ausrüstete, um wirklich alles selbst machen zu können – und gleichzeitig Platz genug für die Traktoren, die da noch kommen sollten.

Wir stehen immer noch vor dem glänzenden Lanz Bulldog, dessen alle nach außen ragende Teile nicht verchromt, sondern mit Messing überzogen sind. Werner Buslei sagt: „Dieser Dicke hier

Wer ist die Schönste im ganzen Land? So eine schmucke, messingveredelte Öldruckanzeige sollen andere Konstrukteure erst mal nachmachen!

Familienidyll: Aber einige Familienmitglieder stehen noch in der Garage.
Bei Klassik-Treffen ist der Schlepper wegen seines Klangs sehr beliebt.

Zurück zum Wesentlichen: Nach Fritz Huber, dem Entwicklungs-Ingenieur des Bulldogmotors, „kann ein Schlepper nicht einzylindrig genug sein“.

war zwar der Fehlkauf meines Lebens, aber wie das auch im richtigen Leben so ist – die Sorgenkinder wachsen einem am meisten ans Herz. 2001 habe ich ihn, über eine Anzeige in einer Fachzeitschrift, in der Nähe von Meppen im Emsland entdeckt und per Lkw hergeholt. Aber erst hier wurde mir klar, dass der auf die Schnelle gekaufte Traktor der reinste Schrotthaufen war. Alles musste ich erneuern, allein nach einem neuen Getriebe habe ich zehn Monate weltweit gesucht. Lanz verkaufte das beliebte Modell Bulldog bereits in den 1930er-Jahren von Mannheim und Köln aus auch an amerikanische Farmer. In den USA wurde ich dann fündig. Bis ich ihn im jetzigen Zustand hatte, brauchte es fast eineinhalb Jahre.“ Während er das erzählt, streicht er fast liebevoll über den lackglänzenden Kotflügel des Ungetüms.

1995 erwarb Buslei ein österreichisches Fabrikat, einen Lindner JW 15, Baujahr 1946, 15 PS, 1505 ccm. Lindner-Traktoren waren auch in Deutschland sehr gefragt. Sie hatten noch kein Kühlsystem, sondern eine Verdampfungskühlung, die im weitesten Sinne nach dem Kühlschrankprinzip arbeitete. „Ihn hatte ich zwar in drei Monaten fertig“, erzählt Werner Buslei, „deshalb wollte ich damit sofort zu einer Veranstaltung fahren, aber dieses Modell war leider nicht straßenzulassungsfähig, der TÜV konnte mir hier nicht seinen Segen geben. Aber ich bin trotzdem froh, dass ich ihn habe …“

Die nächste Akquisition war ein Hanomag R 40, Baujahr 1956, 5,7 l Hubraum, 45 PS. Den stöberte Buslei bei einem Händler in der Nähe von Münster auf. Der Zustand war noch passabel und der Motor sollte in Ordnung sein. Der Hanomag hatte seit 1963 unter Strohballen in einer Scheune gestanden. Ein Startkabel angelegt und siehe da – der Motor

Ein seltenes Stück: Der Lindner JW 15, von 1946 mit Verdampfungskühlung. Er wurde zum Straßenverkehr aber nicht mehr zugelassen.

Schaulaufen beim Erntezug in Vilkerath: Nicht nur die Einheimischen, auch viele Besucher aus dem Umland stehen Spalier, wenn die Klassiker der Forst- und Landwirtschaft vorbeiziehen.
Im Bild: der Hanomag R 40 von Werner Buslei.

sprang nach ca. 35 Jahren Standzeit sofort an!
„Mit diesem Fahrzeug haben meine Frau Anne und ich schon Fahrten bis zum Bodensee gemacht“, erzählt er mit leuchtenden Augen, „und 2013 haben wir, mit sieben weiteren Hanomags, ein Treffen im Glottertal im Schwarzwald besucht. Dort haben sich über 650 Traktoren getroffen. Wir sind 1200 Kilometer nur über Landstraßen gefahren und hatten einen Gesamtdurchschnitt von 25 Kilometer pro Stunde! Mit Stopps im Odenwald und im Elsass haben wir jeweils zweieinhalb Tage gebraucht. Es war wirklich sehr schön.“

Mit diesem schweren Hanomag nimmt die Familie auch jedes Jahr an dem regional sehr bekannten Vilkerather Erntezug teil, das alljährlich Tausende von Zuschauern anzieht.

Dass dort so viele liebevoll geschmückte Oldtimertraktoren teilnehmen, hat aber noch einen besonderen Grund. Seit 1996 ist Werner Buslei im veranstaltenden Verein „Landwirtschaftliches Casino Vilkerath". Seit 1999 ist er dort im Vorstand Schriftführer und gleichzeitig Organisator des Vilkerather Erntezuges, der in diesem Jahr zum 139. Mal durch den Ort zog. Ganz klar, dass er dabei ein besonderes Auge auf die schönen Traktoren der gesamten Region hat und auch viele Besitzer animiert, dieses ihren Schätzchen zu diesem Ereignis beizutragen. 1997, noch während der Restauration seines Hanomags, wurde ihm ein weiterer Lanz Bulldog angeboten. Diesmal war es der Typ 7506, Baujahr 1938, 4,6 l Hubraum, 25 PS, mit Glühkopf. Der stand in Wernigerode im Harz: Hinfahren, angucken, kaufen, das war fast wie ein Reflex, denn gut erhaltene Exemplare sind selten geworden. Heute steht auch dieser in vollem Glanz in der Buslei-Garage.

Zwischenzeitlich hat der Maschinenbautechniker einige Meter Fachliteratur im Bücherregal stehen. Es gibt kein Fabrikat, an das Werner Buslei sich nicht herantrauen würde.

Ist seine Sammlung denn jetzt komplett? „Nein, eigentlich gäbe es noch zwei bis drei besonders seltene Exemplare ... Aber wohin damit? Von meinen werde ich natürlich keinen verkaufen!"

Grüße aus Südtirol: Für Werner Buslei und Frau ist kein Weg zu weit. Im Urlaub 2013 fuhren sie von Overath aus 1 740 Kilometer nach Schenna und zurück.

Wie ein Formel M-Rennwagen das Fliegen lernte

In den 60er- und 70er-Jahren gab es im deutschen Straßenverkehr häufiger Unfälle wegen starken Seitenwinds: Die Pkw waren deutlich instabiler als heute und Autofahrer konnten auf den plötzlich auftretenden Seitenwind nicht richtig reagieren. Außerdem hatten die Lenkräder zur damaligen Zeit sehr viel Spiel. Ein wichtiges Thema, das ich natürlich auch im „7. Sinn" behandeln wollte. Aber: Wie zeigt man Wind, den man im Film nicht sehen kann, außer an bewegten Baumwipfeln und Windsäcken, die seinerzeit an den Autobahnbrücken aufgestellt waren? Um das Problem anschaulich aufzubereiten, kam ich auf die Idee mit dem Flügel: Ich wollte zeigen, dass Windkraft in der Lage ist, bereits ab einer Geschwindigkeit zwischen 70 und 80 km/h ein Auto mit einer Vorderachslast von ca. 75 kg in die Luft zu heben. Der Flügel sollte exakt die Quadratmeterzahl haben, die, zusammengerechnet, die Seitenfläche eines durchschnittlichen Pkw ergab: rund drei Quadratmeter.
Gesagt, getan: Von der Eifeler Flugzeugfirma Sportavia ließ ich mir alle

Jetzt mach aber mal 'nen Abflug: ein kleiner Schritt für ein Flugzeug, ein großer Schritt für ein Rennauto ...
Willi Martini (Mitte) und Team bei den letzten Absprachen vor dem Start des Experiments.

Technik meets Naturgewalt: Alfred Noell (3. v. re.) prüft die Konstruktion des Flügels. Hoffentlich hält das Gestänge dem Druck stand ...

Martini-Air: Für Handgepäck wäre wohl kein Platz gewesen ...

Daten und Fakten errechnen und beauftragte die Firma mit dem Bau des Flügels und dem dazugehörigen Gestänge.

In Willi Martini fand ich den richtigen Partner. Wir kannten uns schon länger. Der Rennfahrer hatte unmittelbar am Nürburgring seit Jahren eine BMW-Werkstatt, Rennfahrer wie Hans Stuck sen., Graf Berghe von Trips und später Hubert Hahne, „Strietzel“ Stuck und viele andere gingen bei ihm ein und aus. Willi Martini, selbst ein innovativer Rennwagen-Bauer, war von der Idee begeistert und stellte mir einen selbst entwickelten, fertigen Nachwuchsrennwagen der Formel M zur Verfügung – wobei das M für Martini stand.

Er stellte aber zwei Bedingungen: Willi Martini wollte das „Flügelauto“

Vorbereitung ist alles: Erste Testfahrten mit dem Flügelauto ... ingesamt fuhr Willi Martini rund 15 bis 20 Versuche. Das Ergebnis ist im „7. Sinn" verewigt.

selbst fahren und den Flügel später übernehmen. Mir war das absolut recht, denn so hatte ich drei Fliegen mit einer Klappe geschlagen: Ich hatte ein Auto mit einem exzellenten Fahrer und über die Entsorgung des Flügels musste ich mir auch keine Gedanken machen.

Dann begannen die Dreharbeiten auf der Start- und Zielgeraden des Nürburgrings. Wir tasteten uns langsam an die Geschwindigkeit heran, denn niemand wusste genau, ob das filigrane Gestänge des Flügels der Belastung standhielt. Wir fuhren sicherlich 15 bis 20 Versuche und natürlich liefen bei allen Versuchen die drei aufgebauten Kameras mit. Und siehe da: Bei ca. 75 km/h hoben plötzlich die Vorderräder ab!

Willi Martini fuhr mit etwa 50 bis 60 cm über der Piste schwebenden Vorderrädern feixend die Start- und Zielgerade rauf und runter. Gut gelaunt sagte er mir dann: „So bin ich noch nie über die Ziellinie gefahren."
Nachlese: Der Film wurde am 30. Mai 1969 als 148. Folge mit dem

Titel „Wind – die unsichtbare Gefahr“ ausgestrahlt und mehrfach wiederholt. Der Flügel hing noch jahrelang unter der Decke des Martini-Autohauses in Adenau. 1982 tauchte der Formel M, weiß lackiert mit blau-roten-Streifen und technisch verbessert, bei einem Rennen in Montlhéry bei Paris auf. Seitdem ist das Fahrzeug verschwunden.

Die obige Story des Flügelautos ist auch nachzulesen in dem 2004 erschienenen Buch von Wolfgang Thierack: „Rennsportlegende Willi Martini“.

Ein Blick hinter die Kulissen der Martini-Werkstatt unmittelbar am Nürburgring. Das Flügelauto diente in Adenau noch lange der Dekoration, irgendwann verschwand zuerst der Flügel, später das ganze Auto.

Die erste Liebe vergisst man nie

So entstehen Autonamen: Gefragt, wie das noch streng geheime Vorserienmodell zu bezeichnen sei, um Probefahrten im öffentlichen Verkehr zu unternehmen, soll Carl Borgward geantwortet haben: „Das ist mir egal, schreibt meinetwegen Isabella drauf."

Die Freude war groß, als Manfred Horn in Overath 2009 aus der Hand des Boxchampions Henry Maske den ersten Preis für den schönsten Oldtimer anlässlich der 125-Jahr-Feier des Overather Heimat- und Bürgervereins entgegennahm.

Sein Borgward Isabella Coupé war von der Frauen-Jury zum Sieger der Oldtimer-Veranstaltung gewählt worden. Dieses formschöne Coupé der in den 50er- und 60er-Jahren so bekannten deutschen Marke Borgward war wegen seiner eleganten Linien damals schon ein Frauenschwarm. Mit seinem 1,5 l-Motor und seinen 75 PS war dieser echte Hingucker zudem der schnellste Tourenwagen seiner Klasse mit einer Spitzengeschwindigkeit von immerhin 150 km/h. Außerdem war er „autobahnfest". Dieser Begriff zeugte von einem Dauerlaufvermögen des Motors, das zu dieser Zeit nicht bei jedem Auto üblich war.

Diesen schönen Oldtimer leistete sich Manfred Horn erst 2002, als er endlich das Geld von der Versicherung für seine in einer Scheune bei Marialinden verbrannten Oldtimer erhielt.

Der begeisterte Sammler und Schrauber, der 35 Jahre in Overath ein Optiker-Geschäft besaß, hatte bereits früh mit dem Restaurieren und Sammeln begonnen. „Eigentlich hat mir das mein Vater mit auf den Weg gegeben, denn er fuhr schon 1954 einen 400er-Lloyd aus der Borgward-Familie. Dieses Fahrzeug hatte schon eine Stahlkarosserie, denn sein Vorgänger, der Lloyd 300, fuhr noch mit einer mit Kunststoff überzogenen Holzkarosserie durch die Gegend, was ihm im Volksmund auch den Namen Leukoplast-Bomber einbrachte", erzählt Manfred Horn schmunzelnd.
„Aber schon 1968 hatte ich meinen ersten eigenen Lloyd Alexander, ob-

Großer Moment zwischen Gentlemen: Box-Star Henry Maske (Mitte) überreicht Manfred Horn (re.) den ersten Preis für seine Borgward Isabella. Eine Frauen-Jury hatte sie an diesem Tag zur Schönsten gekürt.

wohl die Firma Borgward mit ihrer Tochter Lloyd bereits 1961 Konkurs anmelden musste und völlig vom Automobilmarkt verschwand. Ich ahnte, dass diese Autos schon bald nicht mehr zu haben sein würden und legte mir weitere vier Exemplare zu, zwei davon waren noch absolut fahrtüchtig."

Mit den besten davon fuhr er noch zehn Jahre lang täglich, bis er auch dieses Exemplar seiner Sammlung einverleibte. „Zu dieser Zeit hatte ich schon eine größere Halle, einen ehemaligen Schweinestall bei Marialinden im Bergischen Land angemietet, ausgebaut und mit Freunden geteilt, die ebenfalls eine Unterstellmöglichkeit suchten. Dort konnten wir ungestört an unseren Oldtimern basteln und bald standen dort 20 in den verschiedenen Stadien der Restaurierung. Neun davon gehörten mir."

1997 kam der große Schock. An einem Samstag schweißte ein Schlosser an einer Stoßstange, machte Feierabend und ging nach Hause. Einige der beim Schweißen entstandenen

Funken taten es ihm allerdings nicht nach und glühten still vor sich hin ... Stunden später stand die Halle in hellen Flammen. Autos, Ersatzteile und Motoren wurden ein Raub des Feuers. Als die Feuerwehr den Brand gelöscht hatte, blieben nur noch ausgeglühte Wracks übrig. „Der Schock war so groß, dass ich eigentlich keine Lust mehr auf Oldtimer hatte", erzählt Manfred Horn, „zumal ein jahrelanger Streit mit der Versicherung folgte. Immerhin wurde ein Versicherungswert von 190 000 DM für die Oldtimer und zusätzlich für 70 000 DM für Motoren und Ersatzteile ermittelt. Die Summe haben wir unter den einzelnen Besitzern aufgeteilt."

Aber wie das mit Hobbies so ist, man kommt meist nicht davon los. Und außerdem war ja etwas Geld da für einen Neubeginn. „Lust bekam ich erst wieder, als mir erneut ein Lloyd Alexander angeboten wurde. Aber diesmal etwas sehr Seltenes, nämlich ein Alexander Frua Coupé von 1958 mit der Firmen-Nummer 16, von dem es insgesamt nur 49 gegeben hat und von denen nur noch 13 bekannt sind. Eine Garage in Overath hatte ich noch, also habe ich wieder zugeschlagen."

In den 50er- und 60er-Jahren gab es einige Firmen, die auf der Grundlage vorhandener Chassis und Motoren Karosserien erstellten, die Automobilfirmen so nicht anboten, so zum Beispiel Coupés, Cabriolets oder Sportausführungen. Das bekannteste deutsche Beispiel war damals VW. Das wunderschöne VW Karmann Ghia Coupé und die VW Cabriolets stammten nicht von VW, sondern von der Karosseriefirma Karmann aus Osnabrück.

So arbeitete auch die Schweizer Firma Frua, die außer dem Lloyd Alexander auch das schöne Renault Floride Coupé produzierte. Meist durften die Designer auf dem Fahrzeug ihren Namen mit dem Original-Modell-Namen nennen, also hier Alexander-Frua.

„Daran arbeite ich zurzeit, außerdem noch an einem amerikanischen Chevrolet. Und da ich 2010 in Rente gegangen bin und mein Geschäft in Overath an meinen Nachfolger übergeben habe, habe ich jetzt mehr Zeit für mein Hobby. Die beiden Fahrzeuge möchte ich unbedingt wieder auf die Räder stellen", resümiert Manfred Horn.

Sein Lieblingsauto ist das schöne Borgward Isabella Coupé, mit dem er zwischenzeitlich einige Reisen gemacht und an vielen Oldtimer-Ral-

Der Albtraum eines jeden Oldtimer-Freunds – wenn die Halle abbrennt. Manfred Horn war versichert. Das Herzblut aber, das in eigenhändig restaurierten Autos steckt, kann die Assekuranz nicht ersetzen.

Ein Juwel, das seine besten Zeiten noch vor sich hat: ein Lloyd Alexander Frua Coupé von 1958.

Pietro Frua war einer der wichtigsten italienischen Designer der 60er-Jahre. Sein Unternehmen verkaufte er an Ghia. Später entwarf er für Glas, Maserati und Lamborghini.

lyes und Clubausfahrten zusammen mit seiner Frau teilgenommen hat. „Jetzt läuft das Auto zwar fantastisch, aber nachdem ich es 2002 in Holland gekauft hatte, war da doch noch einiges zu machen, besonders im Innenraum. Dann gab es zwei größere Probleme. Zuerst ging schon nach 4 000 Kilometern der Motor kaputt, den ich bei der Spezialfirma Diesel-Feuer in Overath reparieren ließ. Ich musste ihn – wie früher üblich – 2 000 bis 3 000 Kilometer einfahren. Schwieriger wurde es, als die Frontscheibe in die Brüche ging, denn die gab es nicht mehr. Schließlich fanden wir eine Firma in Schweden, die eigens eine Form herstellen musste und die kostete 10 000 DM, außerdem lag die Mindestabnahme bei zehn Stück.

Für mich viel zu teuer – was sollte ich mit zehn Frontscheiben? Ich war damals Mitglied im Borgward-Oldtimer-Club, es gab ein Rundschreiben an die Clubmitglieder und im Handumdrehen kam das Geld für die Form und die zehn Scheiben zusammen. Viele Isabella-Liebhaber stellten sich für alle Fälle eine Reservescheibe in die Garage. Wir bastelten eine Spezialkiste und holten mit einem Kleintransporter die Frontscheiben in Schweden ab.“

Mit Oldtimern erlebt man aber immer wieder Überraschungen. „Eines Tages“, so erzählt Manfred Horn, „fuhren wir zu einem Clubtreffen nach Cuxhaven. Es war ziemlich heiß und auf der Autobahn setzte plötzlich der Motor aus. Zum Glück passierte das kurz vor einem Parkplatz und wir konnten den Wagen die wenigen Meter schieben. Meine Frau meinte schon, ich hätte vergessen, unterwegs zu tanken, aber ich wusste genau, dass noch genug Sprit im Tank war.

Also Haube auf und alle Kabel kontrollieren – nichts. Ich schraubte den Tankdeckel ab und hörte ein Zischen. Sollten sich Gase im Tank gebildet haben und dadurch die Benzinzufuhr blockiert sein? Vom Fahren mit dem Motorrad wusste ich noch, dass dieses im Tankdeckel ein kleines Entlüftungsloch hat. Das gab es aber hier nicht. Nachdem die Gase entwichen waren, sprang der Motor sofort wieder an. In Cuxhaven ließ ich mir in einer Werkstatt ein kleines Loch in den Tankdeckel bohren. Das Auto ist nie wieder stehen geblieben.“

Manfred Horn bedauert, dass es die alte Firma Borgward nicht mehr gibt, denn diese Autos waren ihrer Zeit voraus, meint er. Nostalgiker unter den Borgward-Fans hatten vor zwei Jahren ein besonderes Erlebnis. Das bundesweite Clubtreffen fand in Bremen statt, der Heimatstadt der früheren Borgward-Fahrzeuge. „180 Oldtimer rollten im Konvoi durch Bremen“, erzählt Manfred Horn, „und dann fuhren wir durch das alte Borgward-Werksgelände, vorbei an den Hallen, in denen früher mal unsere Autos gebaut worden waren. Heute werden dort Mercedes-Fahrzeuge montiert. Aber wir haben von unseren schönen alten Borgwards geschwärmt.“

Die „Eiserne Pagoden-Lady“

Der Inbegriff von Eleganz: Inge Mintenig und ihr treuer Weggefährte, ein Mercedes 230 SL. Das Auto ist aus erster Hand: aus ihrer.

Viele entdecken ihre Liebe zu alten Autos erst in späteren Jahren. Wenn sie sich zum Beispiel in die schönen Formen der Karosserien verlieben oder an die Autoträume ihrer Kindheit denken. Dass jemand sein erstes Auto über 50 Jahre hinweg, das heißt durch ein ganzes Leben fährt und die Historie dieses Autos vom Neuwagen bis zum Oldtimer selbst durchlebt und im wahrsten Sinne des Wortes selbst „erfährt“, das ist sicherlich mehr als außergewöhnlich.

Rückblende: Es war im Juni 1964, als ein junges Ehepaar die Verkaufsräume einer Mercedes-Niederlassung betrat und sofort auf das Auto seiner Träume zusteuerte, ein Mercedes 230 SL Cabrio, das wegen der Form seines Daches im Volksmund auch „Pagode“ genannt wurde. „Niemals hätte ich gedacht“, erzählt Inge Mintenig schmunzelnd, „dass ich dieses Auto mit 75 Jahren immer noch fahren würde, aber alte Liebe rostet ja bekanntlich nicht.“

Inge Mintenig, deren Familie seit Generationen in der Kölner Altstadt, im Schatten der Kirche St. Martin, gelebt und gearbeitet hat, wurde im Aggertal groß. Dahin war die Familie evakuiert worden, nachdem Köln im letzten Krieg in Schutt und Asche lag. Sie ging dann in Bonn-Pützchen zur Schule, bis die Familie nach dem Wiederaufbau in die Kölner Altstadt, in die schönen alten Häuser am Fischmarkt zurückkehrte.

„Ich muss wohl so was wie Benzin im Blut mitbekommen haben“, sinniert sie, „denn meine Mutter fuhr

„Topless“ unter Palmen, Nigeria 1965: In warmen, trockenen Gefilden kommen die Vorzüge der Pagode am besten zur Geltung.

in ihren jungen Jahren Motorradrennen, für Frauen in der damaligen Zeit sicher sehr ungewöhnlich. Die Leute blieben auf der Straße stehen, wenn Maria Bock, meine Mutter, auf ihrer Harley Davidson durch Köln donnerte. Noch mit 70 Jahren hing ihr Herz an Motorrädern und ich musste sie häufiger begleiten, wenn sie sich in einem großen Motorradgeschäft die chrom- und lackglänzenden neuen Modelle ansah, dann glänzten auch ihre Augen.“

Inge Mintenig arbeitete bei der Lufthansa, lernte dort 1962 ihren Mann kennen, der als Bauingenieur durch die halbe Welt flog und Krankenhäuser, Schulen und Brunnen, besonders in Afrika, baute. 1964 kauften sie dann den 230 SL, mit Schaltgetriebe, einem weißen Verdeck und Hardtopdach, in der damals schicken Farbe Hellgrau. „Aber nur ein Jahr später traf mich dann fast der Schlag“, erzählt sie herzerfrischend weiter, „denn mein Mann eröffnete mir, dass er für zwei Jahre nach Afrika müsse. Nachdem ich erst einmal geschluckt habe, kam aber der richtige Hammer, er wollte die Pagode mitnehmen, denn in Afrika könne man ja ständig offen fahren.“

So geschah es denn auch, der SL wurde per Kran auf ein Schiff gehievt und entschwand samt Mann nach

Auf oder zu? So wie der Himmel aussieht, bleibt das Verdeck bei dieser Pagodenausfahrt besser geschlossen.

Nigeria. „Ich hatte nur dann was von dem Cabrio, wenn ich meinen Mann häufiger an seinem jeweiligen Arbeitsort in Afrika besuchte und auch mal wieder fahren konnte. Zwei Jahre später kam die Pagode, sogar unbeschädigt, wieder per Schiff nach Deutschland zurück und nun unternahmen wir 14 Jahre lang sehr schöne Reisen nach Italien und Südfrankreich.“

Rückblickend erklärt sie: „Wir wollten vor allem da fahren, wo wir so oft wie möglich das Verdeck öffnen konnten. Der Wagen hat uns nie im Stich gelassen, er wurde allerdings auch scheckheftgepflegt. Bei über 200 000 Kilometern machte der Motor aber nicht mehr so richtig mit und mein Mann entschied dann kurzerhand: Austauschmotor. So wurden mein Mann, die Pagode und ich 20 Jahre älter. Unsere Tochter, die wir als Kind ja noch sehr gut auf der schmalen Rückbank mitnehmen konnten, wurde auch immer größer und passte mit ihren 1,78 m auch nicht mehr so richtig in das Auto.

Da fasste mein Mann im stillen Kämmerlein einen einsamen Entschluss. Eines montagmorgens klingelte das Telefon und der Anrufer sagte: Sie haben einen 230 SL zu verkaufen, wo kann man sich den denn einmal ansehen? Ich sagte, wie kommen Sie denn auf die Idee, der ist nicht zu verkaufen?! Aber, sagte der Anrufer, den haben Sie doch am Samstag in der Zeitung zum Verkauf inseriert!“

Ihr Mann hatte es angesichts der Platzprobleme gut gemeint und wollte endlich ein größeres und moderneres Auto anschaffen. Leider hatte er seiner Frau nichts davon gesagt und die wollte die Pagode unbedingt behalten. Sie packte die Koffer und stellte sie gut sichtbar ins Wohnzimmer. Als er fragte, was das denn solle, kam von ihr nur der knappe Satz: „Entweder der SL bleibt hier oder ich bin mit ihm verschwunden.“ Sie können es sich schon denken: Die Pagode blieb. Inge auch.

Die Zeit verging, das geliebte Blech lief immer noch. Im Gegenteil, es wurde voll restauriert. Polster, Innentrimm und Verdeck wurden erneuert und auch der Lack erhielt eine Verschönerungskur. Leider starb ihr Mann bald darauf und Inge Mintenig fuhr mit dem bald 40 Jahre alten Auto nun fast täglich.

„Was ich damit in der Zwischenzeit alles erlebt habe“, schmunzelt sie, es hagelt nicht nur Kaufangebote mit subtilen Anspielungen wie: ‚Als ältere Dame könne ich doch ein bequemeres Auto fahren ...,‘ nein, es gab auch sehr komische und lustige Geschichten. Da fahre ich eines morgens aus der Garage, steige aus, um das Garagentor zu schließen, da hält neben mir ein Motorradpolizist und sagt ganz höflich: ‚Ist Ihnen schon aufgefallen, dass sie vorn kein Nummernschild haben?‘ Etwas irritiert gehe ich um den Wagen herum und traue meinen Augen kaum: Da fehlt da doch die komplette vordere Stoßstange mitsamt dem Kennzeichen! Offenkundig hatte man mir die am Vorabend gestohlen und ich fahre den Wagen in die Garage und merke nichts davon!“

Später hat sie die Stoßstange, die an zwei Löchern für Zusatzscheinwerfer

Beständige Pflege hat sie vor dem Zahn der Zeit gerettet: Ihre Pagode hält Inge Mintenig bis heute super in Schuss.

Mercedes beabsichtigte bei der Pagode ein deutlich maskulineres Design als bei den rundlicheren Vorgängermodellen: klare Linien, ein großer Kofferraum, möglichst wenig Schnickschnack.

zu erkennen war, an einer anderen Pagode entdeckt. Sie rief sofort die Polizei, aber bevor die auftauchte, war das Fahrzeug schon wieder verschwunden. Inge Mintenig notierte sich sofort das Kennzeichen. „Das hat leider nichts genutzt, das war nämlich gefälscht, der Täter konnte nicht ermittelt werden.“

Die jüngste lustige Begegnung ist noch gar nicht so lange her: „Ich war in einer Werkstatt und wollte nur was nachsehen lassen, fülle den Reparaturzettel aus und trage als Modell natürlich ‚Mercedes 230 SL‘ ein. Der junge Mann in der Reparatur-Annahme schaut mich an und sagt: ‚Sie müssen sich verschrieben haben, dieses Modell gibt es nicht!‘ – ‚Doch!‘, sage ich. ‚Das Auto steht draußen auf dem Parkplatz, gehen Sie bitte mal mit!‘ Etwas unwillig stapft der junge Mann hinter mir her. Als er die Pagode sieht, kriegt er den Mund bald nicht mehr zu und stottert: ‚Den hab ich ja noch nie gesehen!‘ – ‚Das kann schon sein‘, sage ich ihm, ‚der ist ja auch schon doppelt so alt wie Sie.‘“ Mittlerweile ist Inge Mintenig auch

Mitglied im Kölner Mercedes Benz SL-Club Pagode e. V. und unternimmt mit Gleichgesinnten schöne Ausfahrten, steuert Pagode-Treffen an und freut sich auf interessante Clubabende. „Davon habe ich zuvor nichts gewusst, aber dann kehrte meine Tochter von der Insel Sylt zurück und erzählte, dass dort ein Pagodetreffen stattgefunden hättte. Gleich hat sie meine Telefonnummer hinterlassen.“

Kurz danach klingelte bei ihr tatsächlich das Telefon, sie möge doch mal zu einem Clubtreffen nach Kerpen kommen. Wenn sie nicht selbst fahren wolle, käme auch jemand, um sie abzuholen! Super Service.

Gesagt, getan, die Lady ließ sich gern fahren. „Und dann saß ich im Clublokal als einzige ältere Dame zwischen etwa 25 Männern und dachte: Was tust du dir hier eigentlich an ... Aber die Menschen haben mich alle herzlich aufgenommen. Schon bei der nächsten Ausfahrt stellten sie fest, dass ich auch in meinem Alter mit meiner Pagode sehr rasant umgehe und das Eis war endgültig gebrochen.“

In der Zwischenzeit hat sie auch die Frauen kennengelernt, die das Hobby ihrer Männer teilen, aber vielleicht nicht ganz so autovernarrt sind wie sie. „Ich hoffe nur, dass ich noch lange Jahre gesund und fit bleibe, um auch weiterhin mit meiner geliebten Pagode zu fahren.“

Wegen seines zusätzlich lieferbaren, nach innen gewölbten Hardtops erhielt der Mercedes W 113 den Spitznamen Pagode. Erhältlich war er übrigens auch als Roadster. Gebaut wurde er zwischen 1963 bis 1971.

Der königliche Hofarchivar

Sein Titel ist einmalig, einzigartig und außerdem noch verliehen von seiner „Majestät, der Edelfeder“ persönlich: Michael Wahlen ist wohl der einzige in der Oldtimer-Szene, der sich „Königlicher Hofarchivar“ nennen darf. Dazu bestellt hat ihn der bekannte Motorjournalist Fritz B. Busch, noch dazu Begründer eines ganz besonderen Oldtimer-Museums in Wolfegg im Allgäu. Wer Michael Wahlen kennt, der weiß: Der Mann trägt den Titel zu Recht. Sein Leben lang hat er die Artikel über Autos und Oldtimer des von ihm verehrten Journalisten und Autors nicht nur verschlungen, sondern auch gesammelt und sorgfältig in Ordnern abgeheftet. Wie es dazu kam? Dazu später mehr.

Der heute 55-Jährige, der in Heimerzheim ein Taxi-Unternehmen betreibt, ist in der Eifel aufgewachsen. Sein Vater war Lehrer, Wahlen selbst studierte Geologie in Bonn. Nichts deutete darauf hin, dass er einmal zum Oldtimer-Fan würde. Seine Sammelleidenschaft allerdings kam schon sehr früh zum Vorschein. Seit seinem fünften Lebensjahr sammelte er Autobilder, die er sich an der nahe gelegenen Tankstelle be-

Jungfernfahrt: Nach der Restauration muss Michael Wahlen sein kleines Autobianchi Cabriolet gleich mal auf dem Hof ausprobieren ...

Der italienische Volkswagen: Der Fiat 600 bestimmte in den 50er- und 60er-Jahren das italienische Straßenbild, er wurde mehr als 2,5 Millionen Mal gebaut. Michael Wahlen besitzt ein Exemplar aus dem Jahr 1966. Der Heckmotor bringt es auf 110 km/h Spitze.

sorgte. Mit 21 machte er mit seinem Freund eine Reise nach Rom: Hier begeisterte er sich so sehr für den Doppelauspuff einer Bianchina, dass er den dazugehörigen Autobianchi am liebsten gleich mitgenommen hätte. Dieser schöne Zwerg von Auto, mit seinen 500 ccm und 18 PS, war als Cabriolet die Nobelversion des Fiat 500 – und für einen Studentenbeutel natürlich viel zu teuer. Aber der Virus hatte sich schon eingenistet.

Jahre später wurde genau ein solches Autobianchi Cabriolet in einer Fachzeitschrift angeboten, allerdings mit den Folgen eines Vergaserbrandes und – das Fahrzeug stand in der Schweiz. Mit Volvo und Anhänger wollte Wahlen das Fahrzeug abholen. Zu diesem Zeitpunkt ahnte jedoch niemand, dass sich daraus eine 24-stündige Nonstop-Aktion entwickeln würde. Er erreichte den Standort, der Preis war bereits telefonisch verhandelt worden, eigentlich alles o.k. Das Auto wurde aufgeladen, los ging's mit der Rückfahrt. Aber dann gab es an der Grenze Probleme, nicht mit dem kleinen Auto, sondern mit dem Anhänger. Der war nämlich breiter als der Zugwagen – und musste an der Grenze stehen bleiben.

Wahlen musste wohl oder übel einen anderen Anhänger besorgen, das Auto ab- und wieder aufladen und den eigenen Anhänger hinter einem breiteren Zugwagen über die Grenze schaffen. Darüber war es aber längst Abend und die Grenze um 19 Uhr geschlossen worden. Ein Tipp besagte: Der Grenzer sitzt im Wirtshaus. Wie Wahlen es schaffte, die Grenze wieder öffnen zu lassen, bleibt sein Geheimnis, aber um an ein solches kleines Auto zu kommen, war schon ein ganz schön großer Kraftakt nötig.

Ein idealer Wagenheber: Mit nur 3,29 Meter Länge und 1,40 Breite passte der Knirps in jede Parklücke, verbrauchte wenig Benzin und war deshalb ungeheuer beliebt.

Aber das war nur der Auftakt. Wahlen schraubte, bastelte und lackierte, vier Jahre lang, nur am Feierabend. Eines Tages stand das Schätzchen ganz in weiß auf dem Hof. Glänzend, neben seinem strahlenden Besitzer.

Seine Liebe zu den kleinen Italienern vertiefte sich. 1989 sah er in Rheinbach einen aus Italien eingeführten Fiat 600 im Originalzustand, mit allen Papieren, aus denen hervorging, dass es nur einen Vorbesitzer gegeben hat, aber dementsprechend sollte auch der Preis sein. „Ich habe 14 Tage überlegt“, gibt er zu, „aber dann hab’ ich ihn gekauft und es auch nie bereut. Eine kleine Inspektion war alles, was ich bis jetzt unternommen habe. Das Auto läuft und läuft und läuft. Es hat mich sogar ohne Probleme nach Spanien und an die südfranzösische Küste gebracht.“

Der kleine Fiat 600 war seinerzeit ein sehr beliebtes Auto. Er wurde über 2,5 Millionen Mal gebaut und mit einigen Motorvarianten geliefert. Michael Wahlen besitzt eine Ausführung von 1966, mit 700 ccm und 23 PS, die dem Wägelchen immerhin eine Spitzengeschwindigkeit von 110 Kilometern pro Stunde bescherte. „Damit bin ich jetzt bereits 90 000 Kilometer gefahren und er ist noch völlig in Ordnung“, erzählt er begeistert. „Aber das Beste ist: Damit habe ich mich auch auf den Weg zu Fritz B. Busch nach Wolfegg gemacht. Busch hat den 600er unter der hinteren Motorhaube sogar signiert!“

Bei dieser Gelegenheit präsentierte Wahlen seinem hochverehrten Autor auch seine Artikelsammlung. Busch zeigte sich hoch begeistert von soviel Ordnungssinn, hatte er doch

Der Fiat 1500 L von 1963 machte schon richtig was her und bot viel Platz im Inneren. Mit seinen 1500 ccm gehörte er aber schon in die automobile Mittelklasse.

Klein, schnell, wendig: Im Film waren Carabinieri oft im Alfa Romeo auf der Jagd nach Verbrechern.

selbst von den meisten Artikeln keine Unterlagen mehr, weil er sich nie Durchschläge oder Kopien davon gemacht hatte. So viel Mühe musste belohnt werden, fand Busch: Kurzerhand ernannte er Michael Wahlen zu seinem „Königlichen Hofarchivar" – was diesem nicht nur Ehre, sondern auch Ansporn war, weiter zu suchen und zu sammeln. Allerdings galt das nicht nur für Artikel von Fritz B. Busch, sondern auch für „la bella macchina", schöne italienische Automobile.

Dann lockte der wunderbare Name Alfa Romeo Giulia und bald war ein 1300 Super von 1971 sein Eigentum. Der Alfa hat starke 89 PS unter der Haube und läuft damit 165 km/h Spitze. Für 1300 ccm ein enormer Wert, für den Alfa Romeo aber auch berühmt war. „Ich kannte das Fahrzeug und wusste: Das ist vollkommen in Ordnung und ist nur 62 000 Kilometer gelaufen! Also habe ich zugeschlagen und meine Italien-Galerie erweitert. Mit diesem Alfa war ich schon problemlos Tausende Kilometer unterwegs und habe damit auch schon befreundete Brautpaare zur Kirche kutschiert", erzählt er lächelnd.

Zwischenzeitlich hatte es sich in Oldtimerkreisen herumgesprochen, dass Michael Wahlen sich für italienische Oldtimer interessiert. Es gab bislang zahlreiche Angebote, auch wenn leider viel Schrott darunter war: So kam er dann doch noch an einen Fiat 1500 L von 1963, mit 1500 ccm und 67 PS, ebenfalls aus erster Hand und mit niedriger Kilometerleistung,

Gehobene Ansprüche für sportlich orientierte Fahrer: Der Alfa Romeo Giulia 1300 Super war für seinen Super-Antritt bekannt. Die Giulia von Michael Wahlen zeichnet sich vor allem durch Zuverlässigkeit aus.

Fürsorglicher Freund: Um seine Lieblinge schonend zu transportieren, hat sich Michael Wahlen einen Mercedes L 319 zugelegt, übrigens auch ein 1966er-Baujahr.

beides ist ihm wichtig. Darauf angesprochen, berichtet er aus Erfahrung: „Erstbesitzer gehen meist sehr pfleglich mit ihrem Fahrzeug um, Zweit- und Drittbesitzer nehmen die Pflege nicht mehr so ernst.“

Natürlich besucht er mit seinen Autos auch diverse Clubtreffen. Bei einem dieser Gelegenheiten traf er auf ein Auto, von dem er in seiner Kindheit zwar ein Modell gehabt hatte, das aber gar nicht zu dem passte, was er bisher gesammelt hatte: einen Mercedes L 319, Baujahr 1966, ein Kleintransporter mit Pritsche und Plane. Das Fahrzeug gehörte einer Arzneifabrik und stand am Rande eines Fiat-Treffens, mit einem Verkaufsschild hinter der Windschutzscheibe. „Ich habe zuerst überlegt“, erzählt er, „aber da solch ein Kleintransporter bei der Oldtimerei auch praktische Seiten hat und ich in einer Scheune genügend Platz habe, habe ich mich doch sehr schnell entschlossen und ihn gekauft. Heute habe ich sehr viel Spaß damit und konnte auch schon manch einem Oldtimerfreund bei Transporten helfen. Natürlich war ich damit auch schon bei Mercedes-Treffen und es ist immer sehr lustig, wenn ich die Plane zurückschlage und auf der Ladefläche steht einer meiner Fiats.“

Doch zurück zu seinen Ambitionen als „Königlicher Hofarchivar“ von Fritz B. Busch. Bei seinen Recherchen stieß Michael Wahlen auch auf einen Artikel, in dem Fritz B. Busch die lustige Behauptung aufgestellt hatte, alle Oldtimersammler müssten eine „Meise" haben, denn ohne „Meise" sei ein solches Tun nicht möglich. Es folgte eine fast philosophische Betrachtung zum Thema „Meise haben" und garniert war der Artikel mit einem Foto, auf dem sich Fritz B. Busch bedeutungsvoll selbst an die Stirn tippt. Das brachte Michael Wahlen auf eine lustige Idee: Gemeinsam mit mehreren Oldtimerfreunden und der jetzigen Museumsbesitzerin Anka Busch, einer Tochter der inzwischen verstorbenen Edelfeder, gründeten sie im Museum in Wolfegg den „Meisen-Club". Die Gründungsparty im Museum war sehr lustig, inklusive echter Gründungsurkunden, das ist man sich als „Königlicher Hofarchivar" schließlich schuldig. Ob's dazu auch etwas zu zwitschern gab, ist nicht überliefert.

Dem Gedanken von Fritz B. Busch kann ich mich nur anschließen, denn diese Oldtimer-Meise ist ein sehr liebenswerter Vogel, der gefüttert und gepflegt sein will.

In memoriam Fritz B. Busch: Gemeinsam mit Oldtimer-Freunden, darunter Anka Busch (re.), gründete Michael Wahlen (im Auto mit dem Foto von Fritz B. Busch) den „Meisen-Club".

Von der Kraf(f)t der Träume

Tradition ist ein wichtiger Wert für Eberhard Hess, nicht nur in Bezug auf das eigene Unternehmen, sondern auch in puncto Automobil. Bereits von klein auf schnupperte der Industrielle mit Sitz in Düren Benzin, wuchs inmitten von Motorsportbegeisterten und Autofans auf.

Legte Wert auf Dynamik: Der Schwiegervater von Eberhard Hess (li.) bewegte seinen Bugatti gern mal über den Nürburgring.
Rechts: der junge Eberhard Hess beim Boxenstopp.

„Im Alter von 13, 14 Jahren nahm uns meine Mutter, die sehr gut und gerne Auto fuhr, immer mit zum Nürburgring. Mein Bruder und ich saßen dann auf einer Decke, auf der Wiese im Bereich der Quiddelbacher Höhe und beobachteten ganz gespannt das Geschehen. Ein paar Jahre später durfte ich auch meinen Onkel, der damals Sportleiter des Mittelrheinischen Automobil Clubs war, mit zum Ring begleiten. Er führte mich in das Start- und Zielhaus, hier durfte ich sogar einen Blick hinter die Kulissen werfen. Das war für mich ganz schön aufregend! Zu dieser Zeit durfte ich auch den Opel Rekord und privaten Opel Kapitän meines Großvaters putzen – und in der Umgebung trocken fahren. Ein Heidenspaß ... Ich selbst war zuerst mit einem Rabeneick Moped und später einem Adler Junior Motorroller unterwegs, ab 18 mit einem Fiat Topolino mit Faltdach. Danach folgte ein VW Käfer Cabriolet in dunkel-grün, mit Fuchsschwanz an der Antenne, das galt damals als besonders schick.“

Damals schon zog ihn der Dürener Motorsport Club in seinen Bann, der kleine Rallyes und Bergrennen organisierte. Bald erhielt er dort einen MG A 1500, mit dem er die ersten Pokale sammelte und sein motor-

Einer der Grundsteine der Hess-Sammlung: der Bugatti-Typ 40, Baujahr 1926. Sein Schwiegervater fuhr damit viele internationale Rallyes, Eberhard Hess und Sohn starteten mit dem Schmuckstück zweimal bei der Mille Miglia Storica.

Filigrane Technik, die sich sehen lassen kann: Bugatti gehören zu den edelsten und besten Sportwagen ihrer Zeit. Eberhard Hess (unten) fuhr mit seinem Typ 40 bereits mehrfach in die Wertung.

sportliches Talent unter Beweis stellen konnte. Club-Schatzmeister war sein späterer Schwiegervater, der ein Autohaus besaß und dessen Tochter häufig Porsche-Fahrzeuge an amerikanische Piloten und Mechaniker verkaufte, die am nahe gelegenen Flughafen Nörvenich ihren Dienst versahen. „Mit ihr", erzählt er weiter, „unternahm ich 1962 eine Probefahrt ins Siebengebirge und bestellte danach einen Porsche 356 C in weiß – und der wurde dann unser Hochzeitsgefährt."

Aber den Porsche setzte Eberhard Hess natürlich auch für Bergrennen und Slalomveranstaltungen erfolgreich ein. Berufsbedingt musste er viele Dienstreisen unternehmen und wechselte alle zwei Jahre auf einen neuen Porsche, sodass er auch die meisten Typen der 911er-Serie bewegte.

Der Schwiegervater, der neben der Porschevertretung auch VW verkaufte und ein Motorradrennfahrer der Vorkriegsjahre war, hatte auch ein paar alte Autos gesammelt, die damals noch keine Oldtimer waren, und die er als selbstständiger Kraftfahrzeugmeister instand gesetzt hatte. Dazu zählte auch ein Bugatti-Typ 40 von Baujahr 1926. Mit diesem Wagen fuhr er in den 60er- und 70er-Jahren viele internationale Rallyes. „Nach dem Tod des Schwiegervaters stand dieser Bugatti jahrelang in unserer Garage", berichtet Eber-

Bildschön: das Wartburg Coupé 1000 aus der ehemaligen DDR, ein für die einheimische Bevölkerung seinerzeit nicht zu verwirklichender Traum.

hard Hess, „weil mir die Zeit für den historischen Motorsport fehlte. Im Jahr 1998 wurde der Bugatti endlich wieder zum Leben erweckt! In den Jahren 2001 und 2003 fuhr ich mit meinem Sohn damit die Mille Miglia Storica. Wir kamen auf Anhieb in Wertung ins Ziel."

Bis dahin hatte er seine Oldtimer-Sammlung längst weiter aufgestockt: „1977 erwarb ich von einem Bekannten aus meiner Geburtsstadt Köln einen MG TC, Baujahr 1949, mit Shorrock-Kompressor, den dieser aus England mitgebracht hatte. Ich nutzte ihn für verschiedene Rallyes und fuhr damit auch beim Oldtimer Grand Prix auf dem Nürburgring. So wurde ich in der MG-Szene bekannt und später auch Mitglied im MGCC. Das führte zu einer regelrechten Leidenschaft für diese Marke. Ich arbeitete dann sogar einige Jahre im Vorstand mit."

Zwischendurch fand er immer wieder mal Zeit, Veranstaltungen verschiedener Clubs und beim ADAC in Köln mitzugestalten und war oft auf dem Nürburgring in die Organisation der großen Rennen eingebunden. Zusätzlich hatte er die Präsidentschaft des Dürener Motorsport Clubs 20 Jahre inne. Das trug natürlich dazu bei, dass er viele Kontakte in der aktuellen und historischen Sportszene knüpfen konnte.

„In jungen Jahren hatte ich einen Traum", erinnert er sich. „Wenn ich groß wäre, wollte ich eine kleine Halle besitzen, voller schöner alter Autos verschiedener Kategorien, die ich freizügig würde nutzen können, je nach Wetter und Anforderung der Veranstaltung. Das hat mich später dazu bewogen, neben Porsche, MG und Bugatti auch andere Wagen zu kaufen, zu restaurieren und natürlich zu sammeln, zumal das ja auch einen Werterhalt darstellt."

Die wirtschaftliche Voraussetzung für seinen Traum, den er inzwischen längst verwirklicht hat, schuf er durch Fleiß im eigenen Unternehmen, das bereits sein Urgroßvater 1870 in Düren gegründet hatte. Bereits mit 24 Jahren hatte er die Geschäftsführung übernommen. Leider musste er auf seinen jüngeren Bruder verzichten, der krankheitsbedingt schon früh verstarb. Weitsichtig stellte der junge Hess die Fertigung von einer Maschinenfabrik für die Papierindustrie auf rotierende Drehkörper um, die heute mit bis zu einer Länge von 15 Metern und einem Durchmesser von 5 Metern in viele Branchen und in alle Welt geliefert werden. Darunter ist natürlich auch die Automobilbranche: Viele Windkanäle für die Formel I und Rollenprüfstände zur Leistungsermittlung der Motoren sind mit Krafft-Walzen bestückt.

Glücklicherweise fand Eberhard Hess trotz seiner Arbeit immer noch Zeit für sein Hobby, die Oldtimerei: „Nachdem ich im Jahr 1988 bereits einen völlig desolaten Austin Healy 3000 MK II erworben und in fast dreijähriger mühevoller Arbeit bei einem Bekannten wieder aufgebaut hatte, fuhr ich mit meiner Frau damit zahlreiche internationale Rallyes und privat organisierte Ausfahrten. Aber mein Heißhunger auf einen großen, starken Wagen aus der Vorkriegszeit war noch nicht gestillt. Da wurde mir ein Lagonda M 45 Tourer von 1933 angeboten, der Mitte der 80er-Jahre in England bestens restauriert worden war.

Mit einem Sechs-Zylinder-Motor, 4453 ccm und etwa 140 PS und ei-

Marke mit wechselvoller Geschichte: 1896 gegründet, 1928 von BMW übernommen, nach dem 2. Weltkrieg verstaatlicht, 1953 in einen Volkseigenen Betrieb überführt, 1991 durch die Treuhand geschlossen. Opel führt heute die Tradition in Eisenach fort.

Nichts für Kaffeefahrten: Der Lagonda M 45 Tourer ist ein rechtsgesteuerter Sechszylinder Bolide mit einem tollen Drehmoment.

Insbesondere die Engländer haben es Eberhard Hess angetan. Links ein MG TC, der von 1945 bis 1949 gebaut wurde, rechts der Nachfolger ein MG TD, Bauzeit von 1949 bis 1953; beide übrigens mit der hinten angeschlagenen „Selbstmörder-Tür".

nem Gewicht von knapp zwei Tonnen, ist er nicht für Kaffeefahrten gedacht. Der Motor besitzt ein tolles Drehmoment, was man besonders bei Gebirgsfahrten oder auf dem Nürburgring besonders gut spürt.
In einem mir bis heute unverständlichem Übermut habe ich mich damit zur internationalen Rallye Liège–Rom–Liège angemeldet. Und ich kam auf meiner ersten Fahrt, mit diesem rechtsgesteuerten Boliden, ans Ziel. Allerdings lernten meine Frau und ich unterwegs auch die Strapazen der Mängelsuche und des Schraubens bestens kennen, denn in den französischen Seealpen wurde es dem Motor ordentlich heiß."

Eberhard Hess hat ein Herz für seltene, epochemachende Autos, auch wenn sie nicht ganz so hochmotorisiert sind – ein Beispiel dafür ist sein Wartburg Coupé 1 000 aus der ehemaligen DDR, ein für die einheimische Bevölkerung seinerzeit

Der TD, der Nachfolger vom MG TC, war in rund 18 Sekunden von 0 auf 100 und fuhr um die 120 km/h Spitze. Interessant: das geschwungene Armaturenbrett und das damals beliebte Dreispeichen-Lenkrad.

nicht zu verwirklichender Traum aus der Fahrzeugfabrik Eisenach AG. Eberhard Hess tauschte ihn wenige Wochen nach der Wende im Erzgebirge gegen einen VW Jetta ein. Der Wartburg in Original Rot/Weiß wirkt relativ groß, ist aber mit 900 ccm und 37 PS nur mäßig motorisiert. „Den habe ich mir zugelegt, weil auch der Automobilbau in der DDR eine wichtige Epoche der Automobilgeschichte war."

Und welches ist sein Lieblingsfabrikat? „Porsche ist mir besonders ans Herz gewachsen, nicht nur durch die Hochzeitsreise im 356er Super 75, sondern auch durch den 911 Carrera von 1973 mit dem Bürzel, der Beginn der Spoiler-Ära. Nachdem ich früher einen solchen Typ fuhr, erwarb ich vor einigen Jahren ein Originalfahrzeug, das ich in Kalifornien entdeckte. Sein Besitzer hatte ihn zur Dekoration seines Büros auf einem Drehteller stehen. Original, unfallfrei und komplett, so wie ihn Porsche 1973 ausgeliefert hatte. Jetzt musste er häufig bei schnellen und weiten Oldtimerrallyes erfolgreich seinen Dienst verrichten, zur Vermehrung der Pokalsammlung", schmunzelt er.

Freunde nennen Eberhard Hess auch den „Unermüdlichen". So mancher fragt sich, wie er seine zahlreichen Aktivitäten alle unter einen Hut bekommt. Denn Eberhard Hess war

Englische MG Sportwagen hatten ein zeitloses, elegantes Auftreten. Das setzte sich nach dem Krieg in der gesamten MG-Modellreihe fort.

Ein Blick in den MG TC, das erste Auto, das Morris Garage nach dem Krieg auslieferte. Leistungssteigernd war der Shorock-Kompressor (unten). Der Vorläufer des späteren MG A verkaufte sich mit über 10 000 Exemplaren recht gut.

auch noch zehn Jahre im Vorstand des ADAC Nordrhein, 20 Jahre Präsident des Dürener Automobil Clubs im ADAC, arbeitete einige Zeit für den Deutschen Sportfahrer Kreis (DSK) und ist derzeit Vizepräsident der Scuderia Colonia, dem legendären Motorsportclub, den 1961 der berühmte Rennfahrer Graf Berghe von Trips gegründet hat.

Und ob das alles noch nicht genug wäre: Seinen Sohn Michael, zurzeit Präsident des Dürener Automobil Clubs, unterstützt er darin, die alte Bergrennstrecke in der Eifel bei Vossenack neu zu beleben, natürlich mit historischen Fahrzeugen für Gleichmäßigkeitsprüfungen. Dort agiert er alljährlich als Fahrtleiter.

Klassische Automobile sammelt er natürlich weiterhin, wenn ihm etwas Besonderes oder Günstiges angeboten wird, so wie das noch 2012 der Fall war. „Da ruft mich eine alte Schulfreundin aus New York an, die damals einen amerikanischen Flugkapitän geheiratet hatte und mit ihm in die USA gegangen war. „Eberhard, ich habe gehört, du sammelst Oldtimer. Hast du Interesse an einem Mercedes 230 SL, der sogenannten Pagode, erste Hand, Baujahr 1966, nur 48 000 Meilen gelaufen und noch völlig im Originalzustand? Er gehört mir, ich möchte ihn jetzt abgeben. Meine Preisvorstellung ist xy und dazu kommen ja noch die Frachtkosten. Rechne das mal durch und wenn das o. k. ist, rufst du mich wieder an!“ Zack, aufgelegt.

Das Angebot war mehr als o. k., es war ein tolles Schnäppchen! Ein paar Tage später gehörte die Pagode am

Drama Queen: Dieser Mercedes 230 SL hat sogar einen Hurrican überstanden ...

Telefon schon Eberhard Hess. „Es gibt Angebote, die kann man einfach nicht ablehnen." Was er nicht ahnte: Die Sache wurde noch sehr dramatisch. Der SL kam in einen Container und als er gerade auf das Schiff verladen werden sollte, fegte ein Hurrican über New York und blies einige Container in das Hafenbecken. „Entsetzt rief mich meine Freundin an, die im Kontakt mit der Spedition stand. Bange Stunden des Wartens, denn die Container mussten erst aus dem Hafenbecken gefischt werden. War meine Pagode darunter? Schließlich die Entwarnung: Der Container mit meinem schönen Auto befand sich noch in der Verladehalle." Es wurde zwar einige Tage später als geplant, aber dann konnte Eberhard Hess den SL ohne einen Kratzer in Bremerhaven abholen.

Auf meine Frage, was denn später einmal mit den Oldtimern geschehen soll, antwortet Eberhard Hess völlig gelassen: „Darüber mach ich mir keine Sorgen, sowohl mein Sohn Michael als auch meine Tochter Alice haben Benzin im Blut und sind Oldtimerfans, sind schon viele Klassik-Events gefahren und erfreuen sich sicherlich noch viele Jahre an den schönen, alten Fahrzeugen."

Erste Hand, scheckheftgepflegt: Es gibt Angebote, die kann man einfach nicht ausschlagen.

Ein Zahnarzt bohrt nach

Wenn man die Praxisräume von Zahnarzt Jürgen Neuenhausen im Medizentrum in Heimerzheim betritt, reibt man sich zuerst einmal verwundert die Augen.
Denn schon im Vorraum, im Wartezimmer und selbst in den Praxisräumen stehen hervorragend restaurierte alte Motorräder. Darunter einstmals so bekannte Namen wie die englischen Marken BSA oder AJS, aber auch ein einmaliges Leichtmotorrad der Marke NSU Quick von 1938 mit Gas statt Benzin als Kraftstoff. Gasflasche und Vergaser sind seitlich am Rahmen angebracht. Auch einige sehr schöne alte Motorroller in makellosen Zustand sind zu bewundern.

Falsch abgebogen oder vom Navi fehlgeleitet? Kein Problem: Mit dem Aloha 6202-A führen für Dr. Jürgen Neuenhausen und seine Familie viele Wege zum Ziel – wenn's sein muss, auch durch das Mittelmeer. Auch den Zuschauern macht es immer wieder Spaß, wenn der Doktor mit seinem Amphicar in See sticht.

Neue Patienten fragen sich immer wieder überrascht: Bin ich hier richtig? Ältere Besucher aber wissen: Ihr Zahnarzt hat ein ausgefallenes Hobby, Jürgen Neuenhausen sammelt und restauriert Oldtimer.

Dabei sind die Motorräder in der Praxis sozusagen nur die sichtbare Ouvertüre, denn sein Herz gehört einigen speziellen Automodellen, darunter zwei der ganz seltenen Amphicars, einem Auto, das auf der Straße zugelassen ist, mit dem man aber auch nach dem Umschalten auf Propellerantrieb in Flüssen und Seen und sogar im Mittelmeer Motorboot fahren kann, was natürlich seiner Frau und den vier Kindern großen Spaß macht.

1960 in Mönchengladbach geboren, verschlug es Jürgen Neuenhausen mit 16 Jahren nach Gevelsberg, in Ennepetal ging er zur Schule. Daran schloss sich ein Studium der Zahnheilkunde und der Volkswirtschaft

Als der Benzinpreis noch keine Rolle spielte: Die Front des Cadillac ist imposant. Schließlich braucht der V8-Motor unter der Haube auch viel Platz.

in Bonn an. Aber bereits zu diesem Zeitpunkt kam der Praktiker in ihm zum Vorschein, denn so ganz nebenbei gründete er eine Firma für Spezialkleber, mit dem man Kunststoffboote und Surfbretter bombendicht und wasserfest verkleben konnte.

„Eigentlich begann das aber alles schon in meiner Kinder- und Schulzeit, denn mit sechs Jahren blätterte ich schon regelmäßig die Zeitschrift ‚Hobby' durch. Dort sah ich auch zum ersten Mal ein solches Amphicar. Meinem Elternhaus gegenüber gab es einen VW-Händler, an dessen Fensterscheibe drückte ich mir immer die Nase platt, denn hier standen die schönen Karmann Ghia. Zudem hatte einer meiner Lehrer einen alten 356er-Porsche, daran hat er uns viel erklärt. Und genau dieser Lehrer hat mir dann später einen alten Opel Kadett B von 1965 zum Basteln geschenkt, nur das Radio musste ich mit 100 DM bezahlen. Dieses Auto habe ich dann mithilfe meines Vaters wieder in Ordnung gebracht."

Ein Herz auch für den VW-Bulli: Hier einer von Westfalia. Er bietet vielen Mitfahrern Spaß. Die Familie ist damit schon weit umhergereist.

Jetzt gab's kein Zurück mehr, zumal ein Freund von Neuenhausen sich ebenfalls für ältere Autos interessierte. Dieser hatte eines Tages ein Karmann Ghia Cabrio entdeckt, und das für nur 600 DM, allerdings ohne Verdeck. Neuenhausen schlug zu und fuhr damit schließlich den gesamten Winter hindurch offen. Allerdings musste er dafür zuerst den Kadett verkaufen, um Geld für den Karmann Ghia zu haben.

Aber dann wurde endlich ein Amphicar angeboten, nach dem er schon lange gesucht hatte. „Das stand in Süddeutschland, gleich an der Grenze zu Österreich", erinnert er sich. „Der Wagen war in einem jämmerlichen Zustand und sollte trotzdem 20 000 DM kosten. Da diese Amphicars aber schon damals sehr selten geworden waren, schlug ich unbese-

Klopf auf Holz: Der Plymouth Woody Station Car von 1941, wegen des Holzgerippes auf der Außenseite auch liebevoll „Woody" genannt. Während der 40er-Jahre war diese Marke erfolgreicher als Ford – zumindest in den USA.

hen zu, erlebte aber eine böse Überraschung: Das Auto war rundum völlig zugespachtelt. Ich musste mit der Flex den Spachtel entfernen und das ergab dann zwei gehäufte Schubkarren voll Spachtelmasse. Im Doppelboden stand sechs Zentimeter hoch das Öl, aber das hatte wenigstens den Vorteil, dass dort kein Rost war."

Das Amphicar war eine Erfindung des Ingenieurs Hanns Trippel, der eine kleine Serienfertigung bereits während des Krieges im Elsass begann. Die Quandt-Gruppe erwarb eine Lizenz und ab 1961 liefen die Amphicars in Lübeck und Berlin vom Band, rund 3 500 Stück wurden bis 1968 davon gebaut.

Aber die Erwartungen waren zu hoch gesteckt, das Fahrzeug mit dem 1 147-ccm-Motor aus England, vom Triumph Herald, verkaufte sich weltweit sehr schlecht. 1968 wurde die Produktion völlig eingestellt. Die fertigen, aber noch nicht verkauften Exemplare wurden, zum Leidwesen heutiger Oldtimerfans, radikal zerstört, man wollte das unrentable Thema Amphicar beenden, zumal sich die Quandt-Gruppe ja sehr stark bei BMW engagierte.

Jürgen Neuenhausen verbindet mit seinen klassischen Fahrzeugen eine eigene Philosophie: „Warum das Geld auf der Bank lassen, damit die Banker es vernichten? Ich habe in pure Lebensfreude investiert und mir eine schöne Oldtimersammlung aufgebaut, die auch noch wertbeständig ist. Ein neues, modernes Auto hat es bei mir noch nie gegeben, aber ich hatte den Wunsch, so beinahe jedes wichtige Auto der Vergangenheit zu besitzen und zu fahren. Durch einen regelmäßigen Wechsel der Fahrzeu-

Tanzende Wertanlage: Der VW Samba ist selten und in gutem Zustand am Markt inzwischen ganz schön kostspielig.

Itsi Bitsi Strandbikini: Der Fiat 800er Jolly überbrückte für Giovanni Agnelli einst den Weg von seiner Yacht in die nächste Bar am Hafen. Selbst Reeder Aristoteles Onassis soll sich drei Exemplare bestellt haben.

ge ist mir das auch gelungen.“ Dabei kam ihm aber auch seine Geschäftstüchtigkeit zugute. So hat er in den 80er-Jahren eine bestimmte Spachtelmasse preisgünstig herstellen lassen und diese zentnerweise nach England verkauft gegen Inzahlungnahme alter Autos. Ideen muss man haben.

Als ihm ein Freund einen Jaguar E-Type aus den USA anbot, Baujahr 1974, aus erster Hand, war er schwer beeindruckt vom großvolumigen Motor. „Meine Faszination war vollends entfacht. Fortan interessierte ich mich auch für große, amerikanische Autos.“ Jürgen Neuenhausen sammelte und restaurierte einige von ihnen. In ihrer voluminösen Pracht können sie sich wahrlich sehen lassen, darunter zwei Corvette von 1956 und 1957, mit über 5 l Hubraum und 300 PS; oder das Cadillac Convertible Coupé, Baujahr 1947, mit Acht-Zylinder-Motor, 150 PS, im ersten immer noch strahlenden Lack. „Das ist das bequemste und geräumigste Familienauto, das es gibt. Damit sind wir im Jahr 2000 sogar die Rallye ‚2000 Kilometer durch Deutschland‘ gefahren und das mit der Besatzung Opa, Vater und Sohn“, lacht er, „und wir sind sogar in Wertung angekommen.“

Seine Frau fuhr den Mustang, der ebenfalls in der Garage stand, Baujahr 1964, V8-Motor, 4,7 l, 220 PS. Dieser in der sogenannten Pony-

„Papa, ich wasche die Autos, aber nur, wenn ich auch eine Runde damit drehen darf ...“

Dr. Neuenhausen liebt das Cruisen in einem starken, offenen Straßenkreuzer.

Ausführung, das heißt, im Leder der Rücksitzbank ist gut sichtbar eine kleine Herde galoppierender Mustangs eingepresst.

Und nicht zu vergessen der Plymoth Woody Station Car von 1941, Sechs-Zylinder-Reihenmotor mit rund 100 PS. Eine Besonderheit in der Sammlung ist der VW T2 Westfalia, natürlich auch komplett selbst restauriert und von Tochter Pauline mit Hawaii-Blümchen bemalt. Und dazu gibt es auch noch einen T3, einen VW Bus Caravelle, mit dem die ganze Familie in Urlaub fährt.

„Jedes Einzelstück hat seine Besonderheiten und für jeden Zweck ist eigentlich etwas dabei“, erläutert der Zahnarzt, „ob zum Eisessen fahren, zum Camping oder um an Veranstaltungen teilzunehmen, wir haben die Wahl. Denn bei uns stehen die Oldtimer nicht wie in einem Museum herum, sondern sie werden auch fast täglich gefahren.“

Natürlich gibt es auch kleinere Fahrzeuge in der Sammlung, etwa einen VW Buggy, ein Strandgefährt von 1960 und zwei kleine Fiat Jolly, einer mit 600 ccm und der andere mit

Die Leichtigkeit des Seins: Dem Lebensgefühl der ausgehenden 60er- und 70er-Jahre gemäß, versprach der Buggy bei viel Luft und Licht Freiheit pur.

Augenweide: Diese Chevrolet Corvette besaß Elvis Presley in allen Bonbonfarben. Die Kunststoffkarosserie verbarg pure Kraft unter der Haube – V 8-Motoren von 225 bis 360 PS.

Echt kult: Dieser damals sehr erfolgreiche Mustang von 1964 darf in der Neuenhausen-Sammlung nicht fehlen. Natürlich hat auch das Pony reichlich Auslauf.

850 ccm. Der 850er-Fiat Michelotti ist wie der 600er-Ghia völlig offen, für Strandurlaube und Küstenfahrten gedacht. Hinter den 600er-Ghia kann man auch einen kleinen schwimmenden Gepäck-Einradanhänger ankuppeln, um so das Kofferraumvolumen zu vergrößern.

Ein ganz besonderes Erlebnis hatte Jürgen Neuenhausen vor einiger Zeit. Da wurde ihm ein Karmann Ghia Cabriolet angeboten, einer wie aus seiner Jugendzeit. Als er sich das Auto genauer ansah, musste er zweimal hinschauen – und konnte seine Überraschung kaum verbergen, denn es war SEIN Auto von damals! Er erkannte es an einem Aufkleber an der Windschutzscheibe. „Ich habe es natürlich direkt gekauft, wieder aufgemöbelt und meiner Frau zum Geburtstag geschenkt. Jetzt bleibt das schöne Auto natürlich für immer in der Familie.“

Geliebtes BLECH

DIE TOUR

„Super Abschluss der Oldtimer-Saison 2013“

Es war ein Meilenstein auf dem Weg zum „Geliebten Blech“: Noch vor der Veröffentlichung des Buches luden der Heider Verlag in Bergisch Gladbach und Autor Alfred Noell zu einem Klassik-Treffen ins Bergische Land ein. Mit von der Partie waren jene Oldtimer-Freunde, die sich durch eine Vorbestellung des Klassik-Schmökers bis August 2013 eine Teilnahme am Quiz „Geliebtes Blech – die Tour“ gesichert hatten. Eine gute Gelegenheit, auch Protagonisten aus diesem Buch live kennenzulernen, die mit ihren Traumautos als Piloten an den Start kamen, darunter Christian Beien, Rainer Eberhardt, Harald Schenk, Kurt Serbitzer und Achim Droste.

Gelegenheit zum Netzwerken gab es bei einem üppigen Brunch im Heider Verlag; im Aquarium fand auch die Fahrerbesprechung inkl. der Instruktion ins Roadbook statt. Mit viel Spannung erwarteten die Beifahrer die Antwort auf die Frage, in welchem der bildschönen Oldtimer und starken Boliden sie denn jeweils Platz nehmen dürften? Verleger Hans-Martin Heider ließ salomonisch das Los entscheiden. Wer sich die Fotos anschaut, merkt: Offenbar waren alle zufrieden. Unter der Regie des „7. Sinn“-Manns Alfred Noell, der mit viel Ortskenntnis und Sorgfalt eine abwechslungsreiche Tour ausgearbeitet hatte, ging's rund 90 Kilometer durch ein herrlich altweibersommerliches Bergisches Land. Eine harmonische Strecke, die nicht nur „Immis“, sondern auch so manchen echten „Bergische Jong“ begeisterte und die einige demnächst „unbedingt mal nachfahren“ wollen. Fazit eines Teilnehmers: „Ein super Abschluss der Oldtimer-Saison 2013!“

Bleiben Sie auf dem Laufenden unter: facebook.com/AlfredNoellGeliebtes-Blech

Tolles Buffet zum Start im Heider Verlag: Nicht nur Kameramann Frank Gemballa (li.) braucht morgens eine Stärkung.

Der Countdown zum Start: Die Tour-Teilnehmer formieren sich auf dem Gelände des Heider Verlags.

Besser anschnallen: Helmut Rohde aus Hamburg und Alfred Noell sind vom Start weg auf der Überholspur.

Open Air im Donner-Vogel: Christian Beien lässt sich im Thunderbird den Wind um die Nase wehen.

Strahlen mit der Sonne um die Wette: Andreas Rothmer kam aus dem Taunus, Axel Vierkötter reiste aus Lohmar an.

Fachsimpeln beim Frühstück: „Geliebtes-Blech“-Autor Noell und Krimi-Literat Sowa.

Frühstücks-Fee: Roberto Heider achtet darauf, dass auch kulinarisch niemand auf der Strecke bleibt.

Journalisten mittendrin: Klaus Pehle und Fotograf Jürgen Volkmann löchern Tour-Chef Alfred Noell.

Der finnische Lloyd: Andreas Rothmer riecht nichts von Nadelwäldern und Moorland. Hier duftet es eindeutig nach Benzin!

Wann geht's endlich los? Reiner M. Sowa als Co-Pilot der Pagode von Hans-Martin Heider in den Startlöchern.

Der Ford Mustang ist Rock'n'Roll: Rolf Krämer fährt nie ohne Elvis. Und natürlich nicht ohne seine Frau Karin (re. nicht im Bild).

Nein, hier geht's nicht in die Flitterwochen! Das wird eine reine Vergnügungsfahrt – mit Harald Schenks' „Hochzeits-Mercedes".

Angelika Hardt mit Ehemann Charly am Steuer ihres eigenen Alfa-Romeo-Klassikers.

„Hallo Partner, danke schön!" Mustang-Fahrer Rolf Krämer ist unterwegs sehr kommunikativ.

Schneeweißchen: Erwin Schmidgen (re.) aus Koblenz und Klaus Bender in dieser tollen Pagode.

Der Stachelrochen, bei dem Form und Farbe stimmen: Den will man doch streicheln ...

Mit dem Mustang durch die Prärie? Nein, Rolf Krämer bewegt hier sein „Pony" mit sicherer Hand durch das wunderschöne Bergische Land.

In Kolonne kommt man sich auch schon mal näher: Reiner Fleck (re.) und Michael Lübbers im MG C posen fürs Foto am Auspuff des Mustangs.

Stand einfach glänzend da: die Corvette von Rainer Eberhardt auf dem rauen Pflaster von Schloss Bensberg.

Das majestätische Ziel Schloss Bensberg: Eine angemessene Kulisse – aber wer stiehlt hier wem die Schau?

Ruhiger Flug: Pilot Christian Beien und Co-Pilot Axel Vierkötter landen den Thunderbird sanft am Zielflughafen Schloss Bensberg.

Eine lange Anfahrt von Hamburg, nur um sich anschließend wieder ins Auto zu setzen. Das hat sich doch gelohnt, Herr Rohde, oder?

Benzin-Gespräche zwischen einem Banker und einem Ingenieur: Reiner Fleck und Rainer Eberhardt fachsimpeln über MG-Motorisierung und -Karosserie.

Der Tag kann kommen: Äußerst zufrieden mit seinem Losglück ist Dr. Markus Beckers aus Köln, hier als Passagier im blauen Mercedes 280 D von Harald Schenk.

Tierisch gut! Allerlei Zaungäste bestaunten die vorbeiziehenden chromblitzenden Pferdestärken.

Herausgeberin Angela Recino und Frau Mustang ... ähm ... Krämer: Genuss pur mit Gatte Rolf am Steuer.

Fehlt nur noch die Mütze: Chauffeur Harald Schenk mit Gästen in seiner schicken Heckflosse.

Echt rustikal: Die Teilnehmer langen bei der deftigen Kartoffelsuppe richtig zu.

Gleich geht's mit 350 PS in der Corvette Stingray richtig ab: Die Jungs aus Overath, Georg Boschbach und Rainer Eberhardt, freuen sich darauf, mal richtig Gummi zu geben.

Mittagspause nahe Schloss Gimborn: Vor Einsetzen des Suppenkomas sind die Teams, darunter auch Reiner Fleck (li.) und Michael Lübbers, wieder auf der Piste.

„Wochenend und Sonnenschein ...": Christian Beien und Axel Vierkötter in Aufbruchstimmung. Die Cabrio-Fahrer haben richtig Glück mit dem Wetter.

Der gute Geist: Achim Droste begleitet mit seinem Transit als „Serviceteam" die Tour. Sicher ist sicher ... ein Einsatz war nicht nötig.

Zwischenstopp im Schatten von Schloss Gimborn: Ein paar Erfrischungen gefällig? Heute gibt es definitiv keine Durststrecken.

Da steht sie und sagt nichts: Die Pagode von Hans-Martin Heider wartet sehnsüchtig auf die Rückkehr ihres Teams.

Schmuckstücke unter sich: Die „Geliebtes-Blech"-Parade vor Schloss Bensberg erntet bewundernde Blicke.

*„Wenn sie nicht gerettet werden,
holt sich die Natur die Materie zurück.“*

Alfred Noell